我的第一本
愛貓
飼養百科

猫の飼い方・しつけ方

日本專業獸醫 **青沼陽子** 監修
黃薇嬪 譯

Happy Life with CATS!

我和貓兒的幸福生活

任性又難搞，但光是靜靜待著就超可愛！
與貓咪的每一天都好令人期待！

拜託嘛～喵

貓咪一直凝視著你，就是有事相求。
「飯飯！」「摸摸！」「來玩！」
掌握貓咪微妙的心情！

來玩！

摸摸！

飯飯？

肚子餓了！

貓日常❶ 和貓尾巴的戰爭

1　這個尾巴是怎麼回事？
2　咬住！！！
3　咬起來毛毛軟軟的／呵呵呵
4　嚇！
5　嘿嘿

貓日常❷ 來玩耍吧，喵！

1　來玩！
2　嘎嗚嗚！
3　還要玩！
4　拍拍
5　真想快點抓到…

我愛睡覺喵～ 貓咪真的很愛睡覺。無論早上、中午或晚上，隨時都是愛睏貌！

嘟姑中……

嗯～嗯…

好、好想睡…

ZZZ…

放心熟睡中！

啊，好像睡著了…

貓日常❸ 今天也忙翻天，喵！

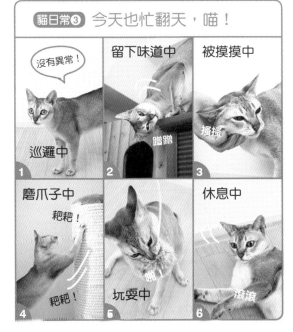

1. 沒有異常！ 巡邏中
2. 留下味道中 蹭蹭
3. 被摸摸中 搔搔
4. 磨爪子中 耙耙！ 耙耙！
5. 坑耍中 呀！
6. 休息中 滾滾

貓日常❹ 我最愛乾淨！

1. 好閒喔！喵… 舔
2. 來理毛好了… 舔
3. 搔 搔 搔
4. 呼～ 吃飯時間再起來吧！喵～

（Q：猜猜看，哪個肉墊是我的呢？喵！）

腳底下摸起來軟軟的豆狀物體就是「肉墊」。

粉紅色、焦褐色、灰色……。猜猜看，這些輕軟Q彈的肉墊是哪隻貓咪的呢？

（ A：我的肉墊是這個喔，喵！ ）

戶外貓&散步貓的懶洋洋生活

一起來看看生活在戶外的貓咪、
以及外出散步貓咪們的日常生活！

戶外貓的日常❶ 打呵欠

呼
啊
很好！
靜…
那傢伙的臉好厲害，喵

戶外貓的日常❷ 磨爪子

耙耙！
看我的！
到處磨爪子
你們有事嗎？

戶外貓的日常❸ 集會

嘿！
喔！好久不見
那傢伙總是特別醒目…

戶外貓的日常❹ 午睡

ZZZ...
老大…你睡著了嗎？
ZZZ...
我也來睡吧

戶外貓的日常❺ 熟睡中

在太陽下
在屋頂上
以樹幹為枕
睡到翻肚

戶外貓的日常❻ 理毛

呼啊～
舔舔
……
好了，換個地方

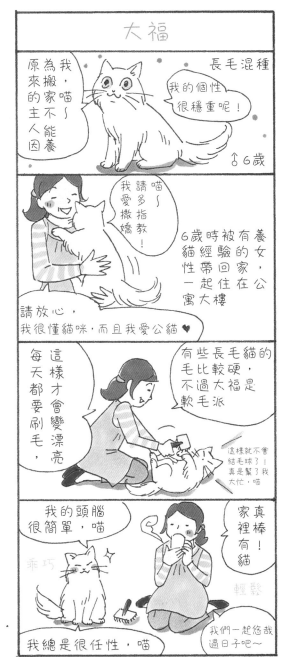

Chapter1 幼貓報到！

Chapter2 愛上貓咪的一切！

Chapter4 玩？是學習！也是運動！

Chapter5 喵！生病了，請好好照顧我！

貓奴新手一定要知道的「愛喵大攻略」！

　　與貓咪一同生活是相當美好的經驗。貓咪經常被認為難搞又任性，但是住在一起之後，你會明白牠們是深情又可愛的動物。

　　只不過，不少人喜歡放貓咪出門自由散步。但是外頭充滿許多危機，貓咪可能因為打架而受傷，或是與其他貓咪接觸而染病，甚至遭遇交通意外。為了保護愛貓遠離這些危險，最好的做法就是把貓咪養在室內。本書以室內飼養為前提，詳細介紹貓咪的飼養及管教方式。

　　透過許多照片、插畫和漫畫，以簡單明瞭的方式介紹從迎接幼貓開始，到貓咪身體構造、食物、照料、管教、溝通方式，以及健康管理等。玩玩具、舔毛、睡覺，光是看著貓咪這些行為就會覺得牠們可愛到破表，讓我們開始和貓咪共度快樂生活吧！

Chapter 1

幼貓報到！

初次見面，
請多多指教喵！

全方位關照貓咪的日常生活

給貓咪滿滿的愛，
一起愉快生活吧！

接納貓咪成為家族一員前，
要先做好哪些事前評估及心理準備呢？

開始養貓生活

我是愛撒嬌的室友，
跟我一起生活很有趣喲！

貓咪總是按照自己的步調生活，喜歡悠閒午睡或理毛，喜歡自由在房間裡悠閒步行，或全力奔跑。

各位應該也曾想像被貓咪的姿態療癒撫慰、與貓咪一起玩耍，或飼養外表優雅純種貓的生活。請試著想想你要和哪種貓咪共度哪種生活吧！

🐾 室內飼養，最安全

建議別讓貓咪外出，最好養在室內。幼貓時期就養在室內，不讓貓咪外出散步的話，貓咪會習慣待在家，懂得藉由奔跑、攀爬家具等發洩精力。

因為貓咪一出門，你就必須擔心牠們受傷、生病或發生交通意外，也會增加健康管理上的負擔，甚至造成鄰居困擾。讓貓咪自由生活在房間裡，有時陪牠們一起玩耍，享受愉快又安全的貓咪生活吧！

▲我們喜歡待在家裡喔！

妥善照料，做負責的主人

貓咪不需要像狗狗一樣天天出門散步，飼養輕鬆是養貓的魅力。但是，一般認為不需要花太多心思的貓咪，也需要花時間餵食、清理貓砂、梳理等。貓的壽命大約10～18年。決定飼養後就必須負責到底。為了避免可憐的棄貓或流浪貓增加，最好將貓咪養在室內，並且考慮結紮手術。

根據不同性別和年齡
決定想飼養的貓咪吧！

不同的貓咪品種擁有形形色色的個性。哪種貓咪適合自己的生活環境及個性呢？

根據「性別」選擇

母貓會定期發情，一到發情期會大聲喵叫，或是出門散步時很可能受孕，因此一般都會選擇結紮。公貓則是四處排泄留下記號，所以也建議盡早結紮。個性上，母貓多半難相處又酷。相反地，公貓通常很黏人、愛撒嬌。只是公貓的地盤意識強烈，容易打架，不過結紮後會變得較穩重。

短毛種？長毛種？

短毛種方便清理，特徵是擁有滑順的披毛。長毛種的喜瑪拉雅貓、波斯貓等純種貓均有華麗長毛，必須經常梳理，避免打結產生毛球。一般稱為混種的貓多是短毛種，但純種貓中的阿比西尼亞或美國短毛貓等屬於短毛種。

養幼貓或成貓？

幼貓可愛又容易親近，不過照顧上需要時間和體力。相反地，飼養成貓時，則必須花時間與牠們拉近距離。不過成貓個性穩重，且較容易飼養。

公貓多半是愛撒嬌的孩子。

從哪兒領養呢？
至貓咪認養網站
收集資訊

決定養貓後，可向朋友、貓咪領養機構，
育種人或寵物店等地方洽詢。

請帶我回家
詢問養貓朋友或獸醫院

除了洽詢寵物店，也非常建議採取領養。獸醫院、流浪動物之家等團體經常在各地舉辦幼貓領養活動。你可以找已經養貓的朋友或鄰近的獸醫院等諮詢，或上網查看貓咪領養團體的公告。

🐾 台灣提供貓咪認養的主要團體

＊財團法人台灣認養地圖協會

http://www.meetpets.org.tw

＊台灣寵物認養協尋資料庫

http://www.savedogs.org　電話：（04）2360-0176

＊財團法人中華民國保護動物協會

http://www.apatw.org　電話：（02）2704-0809

＊流浪動物花園協會

http://www.doghome.org.tw　電話：（02）2662－0375

＊台北市流浪貓保護協會

http://mypet-club.com　電話：（02）2726-1079

🐾 愛貓奴，請多多支持領養

許多可憐貓咪被飼主棄養，送進流浪動物之家，動物保護團體和獸醫院也有不少寄養的幼貓，這些貓咪都等待有心的愛貓人領養。領養貓咪，必須遵守一些條件，而且不一定能夠選到完美理想的貓咪。但這是一個解救不幸貓咪的好機會。只要條件吻合，請務必考慮領養。

▲珍惜與幼貓的邂逅。

向朋友或寵物店取得貓咪

**確認飼養環境，
萬事具備後，就帶貓咪回家吧！**

🐾 向朋友領養幼貓

假如你打算領養朋友家中生的小貓咪，請先確認該家庭養貓的方式。如果小貓的父母親習慣外出散步，務必先帶幼貓去獸醫院進行健康檢查，比較安心。

小貓出生後的兩個月，應該盡量和母貓生活在一起。建議第三個月之後再帶回家。因為小貓與母貓、兄弟姊妹一起生活的時間夠長，才能學到貓社會的規則。

🐾 想飼養純種貓的話

向育種人購買

育種人專門繁殖純種貓。你可透過網路或貓咪雜誌等管道，尋找心目中想要的貓咪品種。也可向他們請教飼養時的重點。領養小貓之前，應該盡可能直接與對方碰面或電話聯絡。建議選擇願意細心回應的育種人。

前往寵物店購買

到寵物店購買前，請仔細考慮清楚自己是否能負起責任，避免衝動購買。挑選細心照顧幼貓，讓貓咪生活在乾淨環境的店家。剛開始建議選購貓咪在店裡吃的飼料和使用的貓砂。

檢查身體各部位，確認幼貓的健康狀況

迎接健康有活力的幼貓，必須先知道身體檢查的重點。如果覺得哪裡不對勁，請盡早至獸醫院諮詢！

檢查外觀和姿態！

外觀有沒有明顯異狀？
別忘了確認走路姿勢喔！

認養幼貓時，確認健康狀況很重要。流浪貓或待在動物之家等機關的幼貓，很難保證一定沒有健康問題。因此回家之前，先帶去獸醫院進行健康檢查吧（參考P.26～27）！

貓咪的健康除了外觀之外，最重要的是要抱起並撫摸確認。以下介紹經由貓咪身體及動態可掌握的健康關鍵。不習慣人類的幼貓可能討厭被觸摸，但如果極度討厭被觸摸，必須注意可能是身體有狀況。

確認幼貓的健康狀態

觀察貓咪外觀及行動不自然時，必須立即前往獸醫院就診！

請仔細幫我檢查喔！

□ 行動是否活潑，走路時會不會很僵硬？

□ 肚子或四肢是否緊繃？

□ 有沒有一直喵喵叫？

□ 是否討厭身體觸摸？

□ 眼睛、耳朵和鼻子等是否髒兮兮？

□ 披毛上是否有明顯脫毛或禿毛？

□ 會不會咳嗽或打噴嚏？

□ 對移動的物體或聲音有反應嗎？

我是
健康寶寶

你的貓咪健康嗎？

為幼貓做健康檢查！

不習慣人類的貓咪，可能討厭被觸摸或擁抱。
檢查身體各部位後，如果覺得不對勁，應盡早前往醫院。

  耳 朵

耳朵裡是否乾淨？有沒
有黑色耳垢堆積？或發
出惡臭？

   口 齒 舌

口腔、牙齦是否為漂亮的粉
紅色？牙齒乾淨銳利？牙齦
是否腫脹？流口水可能是因
為口腔裡頭有傷口或口瘡。

 眼

是否有眼屎或白膜？在
貓咪面前揮手時，視線
能跟上嗎？

 鼻

醒著時，鼻子微微溼潤
表示健康。有沒有流鼻
水或打噴嚏呢？

全身

抱起時，是否體型嬌小，體
重卻很重呢？肌肉扎實嗎？

臀部

肛門會紅腫嗎？若有污
垢可能是腹瀉。如果出
現類似米粒的東西，很
可能是寄生蟲的卵，必
須去醫院除蟲。

四肢

四肢是否粗壯有力？走
路方式流暢嗎？

披毛

毛髮有光澤嗎？有沒有哪裡稀疏
或禿毛？稀疏的部位可能是過敏
性皮膚炎，或是黴菌造成脫毛。

肚子

肚子是否緊實？會不會軟趴趴？
體格、四肢嬌小，肚子卻很大，
可能裡頭有寄生蟲。

腳趾

爪子是否脫落？肉墊有傷口嗎？

貓奴新手必看！
養貓用具全攻略

配合生活環境，準備幼貓生活不可或缺
的必需品及便利小道具。

備齊必需品
準備好食物和貓砂盆等
迎接可愛幼貓到來

　　準備幼貓用的貓食。幼貓來到新家後，多
少會覺得有壓力，建議最好給牠和之前一樣的
食物，等牠習慣新家，再換成其他食物。也要
準備貓砂盆和貓砂，讓幼貓一來就能使用。

飼料
幼貓用貓食。

貓碗
使用貓咪專用的穩固食
器。盡量選擇不會碰到
鬍鬚的低淺容器。

**第一天就會
用到的東西**

貓砂盆和貓砂
貓砂盆的形狀和高度要適
合貓咪跨入，事先裝進貓
砂做好準備。

貓抓板
有平放在地上、以
及架在牆邊的類
型。

外出包
帶幼貓上醫院時必
備的工具。

不可或缺的養貓必用品

準備清理及健康管理
需要的工具

等到貓咪習慣家裡環境後，可以開始為貓咪梳理。刷毛和剪指甲是不可少的步驟。尤其是長毛貓容易產生毛球，必須經常刷毛。

為了讓幼貓舒適地生活，請替牠們備妥梳理工具及快樂玩耍的玩具。項圈和名牌在貓咪跑出門或迷路時也能派上用場，建議最好替牠們戴上。

▲ 從幼貓時期就讓牠們練習使用貓抓板。

**其他
養貓物品**

梳理工具
指甲刀、刷子、針梳、牙刷、棉花等。

項圈
預防貓咪外出時弄丟，最好預先替牠們戴上。

玩具
包括甩動棒子的逗貓棒，以及讓貓咪自得其樂的玩具等。

貓床
準備可讓貓咪安心放鬆的睡床或紙箱。

「ZZZ…」

名牌
建議掛在項圈上。貓咪迷路時可派上用場。

TAMA / 090-○○○ …… 背面

貓草
讓貓咪吃草可刺激肓部，幫助牠們吐出毛球。

這個好，喵

打造讓愛貓安心自在的生活環境！

替成天生活在房間裡的貓咪，
打造安全舒適的環境吧！
記得快把危險物品收起來喔！

打造貓咪的專屬空間
廁所和食物擺在貓咪的專屬空間！

為了讓貓咪在家裡過得舒適，替牠打理一個安全方便的環境吧。貓咪十分重視地盤，牠們只要確保有自己的專屬空間，就會很安心。擺上專屬的睡床在貓咪固定的活動區域，並且放上貓砂盆和食物吧！

🐾 擺放貓砂盆

貓砂盆要擺放在能讓貓咪安心排泄的安靜場所。最好避免更動，因此一開始的位置選擇很重要。建議擺在房間、走廊角落、盥洗室等安靜的地方。而且為了愛乾淨的貓咪，應常保貓砂盆乾淨。

🐾 食物擺在固定位置！

食物和飲用水的容器要盡量固定擺在同一個位置上。原則是遠離貓砂盆，避免汙染。

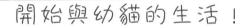

開始與幼貓的生活！

首先要取名字…
看起來
亮晶晶的，就叫
牠海鯽仔吧

咪
咪

我還是小寶寶，讓我睡這裡，喵

→ 沒發現

鮭魚卵

海鯽仔年紀還很小，牠找媽媽找著找著，就睡在先來的老貓肚子上了

其實牠連排泄都需要貓媽媽幫忙…
但是兩隻老母貓總是對牠豎毛、發脾氣

吼吼

一邊在發脾氣卻仍出於本能幫牠舔屁股…
從此以後由牠負責幼貓的排泄

喵

我把幼貓的屁股拿到海膽面前…結果！牠居然一邊生氣一邊幫忙舔屁股！順利解決了大小便問題謝謝你，海膽 ♡

舔
舔

避免貓咪觸碰家電
等危險物品

　　飼主覺得舒服的生活空間裡，存在各種可能傷害貓咪的危險，因為好奇心旺盛的貓咪喜歡在家裡探險。書櫃上、廚房流理台等地方都是貓咪的活動通道。

　　建議檢查室內，避免貓咪誤觸插座觸電或在廚房被燙傷，發生意想不到的意外。把危險物品收起來或加上蓋子。廚房有瓦斯爐、刀具、易碎物等，所以應禁止貓咪進入。在貓咪住進家裡前，記得做好安全對策喔。

Check！給愛貓一個安全空間吧！

- ☐ 插頭全部收進家具後側
- ☐ 插座加上蓋子
- ☐ 剪刀、針等危險小東西，記得收納藏起來
- ☐ 貓不能吃的觀賞用植物或花要收好
- ☐ 菸灰缸、藥品等危險物品不要亂放
- ☐ 別在貓咪坐的地方放置易毀損的物品

小心喲，喵

請勿讓貓咪進入廚房。如果廚房沒有門，最好將瓦斯爐蓋上蓋子。

門窗要確實關閉，避免讓貓咪自由跑出屋外或陽台。

放置空罐子、繩子、廚餘等較多危險物品的垃圾桶，要擺在貓咪搆不到的地方。

裝滿熱水的浴缸或洗衣機，一定要蓋上蓋子。

興奮期待的第一天！
可愛貓咪來我家

為了避免移動和環境的改變
造成貓咪壓力，別過度心急。
讓貓咪慢慢習慣這個家吧！

新成員的第一天

帶回家後，
別管牠，遠遠看著就好

　　為了讓貓咪習慣環境，建議在白天帶牠回家。另外，記得別餵貓咪吃早餐，可以避免牠在移動過程中不舒服。如果直接抱著貓咪移動，貓咪很可能跑掉，建議將貓咪放在外出包。到家後，打開外出包的門，等待貓咪自己走出來，進屋裡「探險」。

　　一開始，貓咪會在家裡四處聞嗅，有些貓咪則會躲在陰暗處。在牠習慣環境之前，不要勉強去煩牠、找牠玩，飼主只要在一旁看著，任由貓咪自由行動即可。當心從第一天就不斷逗弄貓咪會讓牠覺得疲累，造成反效果。

給貓咪一些「安心小物」

　　貓咪新換環境會覺得有壓力，有些敏感的孩子甚至可能生病，因此帶幼貓回家時，最好連同牠原本使用的毛巾或玩具也一起帶回來。只要有自己的氣味，貓咪就能比較安心。

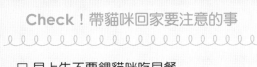

Check！帶貓咪回家要注意的事

- ☐ 早上先不要餵貓咪吃早餐
- ☐ 白天時間去接貓，盡早帶回家
- ☐ 有貓咪氣味的物品也一併帶回家
- ☐ 打造安全的房間環境（參考 P.20～21）
- ☐ 裝在外出包裡移動
- ☐ 第一天只要替貓咪安排貓砂盆、準備食物，剩下的讓牠自由行動

到處探險中

第一天的照顧方式

讓牠自由行動！
備妥食物和貓砂盆即可

　　等貓咪安心後，在事先決定好的地方餵牠食物。一開始讓牠吃與之前相同的東西。如果想要換食物，最好等貓咪習慣新環境後再說。

　　貓砂盆要擺在安靜的地方，第一天就讓牠記住位置。如果貓咪出現躁動不安、想上廁所的樣子，帶牠去貓砂盆那兒。在貓砂盆裡裝入少量之前用過的髒貓砂，可以讓貓咪很快習慣新的貓砂盆。

🐾 準備貓咪的專屬空間

　　貓咪的專屬空間建議擺放牠的睡床或紙箱。先放入牠經常使用的毛巾，貓咪就會因為聞到自己的氣味而安心入睡。

　　但貓咪不一定會使用你替牠準備的睡床。如果貓咪想要自己選擇中意的位置，就讓牠隨心所欲吧。

等貓兒習慣後，再餵牠飼料。

🐾 替寶貝取一個名字

　　多數人會根據貓毛、顏色、長相、個性等想出各種別具風格的小名，常常用名字稱呼，牠會記住自己的名字並做出反應。

妥善安排貓咪們的「同居生活」

想飼養多隻貓咪時，
了解彼此的配合度與見面方式很重要喔！

我們可以做好朋友嗎？
一隻貓不怕寂寞，養兩隻以上也OK

貓咪每天悠閒睡覺、理毛、玩耍，自由自在生活。白天時間就算只有一隻貓自己顧家，也不會覺得寂寞。許多人希望給貓咪找「玩伴」所以養了第二隻貓，但如果兩隻貓相處不來，反而會帶給貓咪壓力，必須留意。

同時飼養多隻貓咪時，貓咪彼此能否處得來很重要。想要帶新貓回家時，應事前仔細考慮性別、年齡等條件，再做選擇。

▲ 想要多養幾隻貓前，必須考慮會不會造成原有貓咪的壓力

貓咪能和其他動物和平共處嗎？

貓咪具備狩獵本能，牠們很喜歡逗貓棒，是出自於想要抓住移動獵物的本能。牠們對窗外的鳥兒或飛蟲也很敏感。但是貓咪可以與其他動物一同飼養嗎？

小鳥、黃金鼠等小動物即使裝在籠子裡還是有危險。貓咪可能會喝魚缸的水或伸手撈魚。建議最好讓牠們分處不同房間，擺在貓咪看不到的地方。至於狗狗，有的貓咪與狗狗彼此反目、無視，有一些則能好好相處。必須隨時注意，避免彼此打架。

黃金鼠、金魚必須擺在其他房間

有些貓咪能與狗狗變成好朋友

	相處愉快的和平組合					相處不愉快的歹鬥陣組合

〈兩隻的場合〉

先 母貓 × 新 自己的幼貓
長大後就不再有親子關係，不過一直在一起就能好好相處。

先 幼貓 × 新 幼貓
不論彼此是否為兄弟姊妹，只要都是幼貓都能相處愉快。

先 成貓 × 新 幼貓
成貓會留下飼料給幼貓，和樂融融共處的機率較高。

先 成貓♀ × 新 成貓♂
母貓與公貓的組合多半不會有問題。記得必須結紮。

先 成貓♂ × 新 成貓♂
公貓多半會彼此互爭地盤，往往無法和平共處。

先 成貓♀ × 新 成貓♀
母貓的地盤意識不強，所以多半能和其他成貓和平共處。

〈三隻的場合〉

先 成貓♀ 先 成貓♀ × 新 幼貓
原有的兩隻貓咪都是母貓，而且互不干涉，和平共處的話，有新的幼貓加入也沒問題。

先 老貓 × 新 幼貓 新 幼貓
兩隻幼貓可以一塊兒玩耍，因此很建議這種飼養方式。幼貓都是公貓也可以。

先 老貓 × 新 幼貓
老是想要玩耍的幼貓一到家裡來，會讓老貓覺得很累。

為了不造成原有貓咪的壓力，先花點時間讓兩貓相處

領養新貓時，最重要的是要注意原有貓咪的感受。原本可以隨意在喜歡的地方休息，現在卻有新成員入侵自己的地盤，貓咪多少會有壓力。避免一開始就讓兩隻貓咪面對面，暫時將牠們分別養在不同房間，或是在同一個房間裡用籠子隔開。特別是新貓原本是流浪貓的話，更應該分開飼養，避免傳染疾病。

確定無須擔心疾病問題後，一邊觀察情況，一邊讓兩隻貓咪見面，等牠們習慣彼此並且能冷靜相處，再讓牠們一塊兒生活。貓砂盆應配合貓咪的數量準備，有幾隻貓就準備幾個。除了每天的照料之外，叫貓或摸貓時，要以原來的貓咪優先，不可只疼愛新成員喔。

注意原有貓兒的感受，才能看到彼此和樂融融的景象。

飼養四隻貓以上時，一定要注意的事

有些人愛貓成痴，家中的貓一隻接一隻養。一般來說，原有的貓咪是母貓的話，無論後來報到的是母貓或公貓，多半都能和平共處。但也發生過「第四隻貓來到家裡後，第一隻母貓卻離家出走」的例子，所以領養新貓時，要看貓咪個性和家裡環境，請認真考慮原有貓咪的幸福。

 好想離家出走，喵…

25

撿回流浪貓第一步，健康檢查不能少！

流浪貓可能有寄生蟲或其他疾病。
帶牠們回家前，
應先前往獸醫院進行詳細的健康檢查！

請幫忙讓我流浪！

妥善檢查後才能安心飼養

　　許多人開始養貓的契機都是因為「撿到幼貓」。但是帶流浪貓回家時，還是要注意，有些貓咪可能有跳蚤等寄生蟲或罹患傳染病。建議帶流浪貓回家時，第一步應該先前往獸醫院除蟲、接受健康檢查，才能安心餵養。

＊流浪貓經常罹患的疾病有哪些？

主要症狀	可能罹患疾病
有眼屎或流鼻水	鼻氣管炎等
一直搔抓身體	跳蚤、蝨子、疥蟲等寄生蟲
肛門或糞便有異物	蛔蟲、瓜實條蟲等寄生蟲
耳朵很髒一直搔耳朵	耳疥蟲等
拉肚子沒精神	球蟲、蛔蟲等

讓戶外貓
成為家貓的養成法則

在戶外趴趴走的流浪貓，只要從小開始飼養，就能很快適應新生活，成為家貓。但是，帶流浪成貓回家會比較辛苦。流浪成貓會尋找食物的來源，巡邏自己的地盤，睡在喜歡的地方，用行道樹磨爪子，偶而還會和其他貓咪打架，過得自由自在。一旦牠們要轉變成家貓生活時，剛開始會很難適應，飼主必須注意並為牠們調整習慣。

🐾 主人要擁有堅定的意志力

完全的室內飼養就是無論貓咪怎麼要求，也絕對不能讓牠們外出。如果你因為牠們喵叫，就帶牠們出去散步，牠們會認為只要纏著你就能出去。因此，飼主必須秉持強烈意志力，不管牠們如何坐在門前或窗前喵叫，都不能心軟，否則牠們永遠無法變成家貓。

在此同時，飼主必須另外想辦法消除貓咪的壓力。建議給牠們玩具、花心思把家具擺成能夠上下運動的格局或是放置貓樹。

最好的做法就是陪牠們玩耍，直到牠們心滿意足為止。有時也可考慮替貓咪綁上胸背拉繩（蹓貓繩）帶牠們去散步，不過請小心貓咪逃走（參考P.116）。

好想出去，喵～

和流浪貓成為一家人

流浪貓如果能擁有無風無雨、永遠有東西吃的人生，當然很幸福

外頭很險惡

肚子餓了

雖然與不習慣人類的貓咪生活，一開始有點難…

驚嚇

吼！

但也有很多流浪貓逐漸打開心房，不再怕人喲！
請耐心且溫暖地接待牠們吧！

很很好好

你重生了呢，而且個性也變好了。

點頭

胖嘟嘟

多虧有你的照顧，才能幸運地存活到現在，喵。

沒自信從幼貓開始養…

已經上年紀了…從幼貓開始養的話要相處十五年，我可以勝任嗎？

但很想養貓咪…我是個單身女子，

因為這些原因，K女士領養了遭棄養的6歲大福♂

緣份真奇妙！

撿到剛出生的幼貓
該如何照顧？

撿到未斷奶的幼貓或母貓拋棄的幼貓，
要如何照顧牠們喝奶和排泄？

為貓寶寶保暖

注意保暖，避免體溫下降
準備貓奶和奶瓶

　　帶回出生未滿45天的貓寶寶時，必須代替母貓照顧牠們。除了人工哺乳和協助排泄外，替貓寶寶保暖，維持體溫也很重要。另外，還要準備貓咪專用貓奶和奶瓶。

🐾 在「溫暖環境」中快樂長大

　　貓寶寶原本是靠著母貓身體睡覺。出生一週之內的幼貓還無法自行調節體溫，因此睡床溫度最好保持在30～35度最理想。可用毛巾包住熱水袋、暖暖包等安置在睡床上，避免幼貓過熱。至於室溫，盡量保持在24～25度。

準備貓寶寶的睡床

床
選擇有高度的厚紙箱，可避免幼貓逃走。

保暖用品
熱水袋、睡床用加熱器、暖暖包或裝熱水的寶特瓶，裹上毛巾後，擺在睡床一側，如果溫度太高時，幼貓可自行移動。

毛巾
鋪在底下，選擇沒有掛繩的毛巾，才不會被貓爪勾到。弄髒時記得隨時更換。

公貓、母貓的分辨法

公貓

肛門到陰部的距離較遠。出生2～3個月後，睪丸會從這裡出來。

母貓

肛門到陰部的間隔比公貓窄。長大後也不會有明顯變化。

代替貓媽媽餵奶的技巧

將幼貓專用貓奶加熱後餵食貓寶寶。假如牠們無法靠自己的力量吸奶瓶，可用滴管把貓奶滴在幼貓舌頭上，等到幼貓能自力吸奶，再改用奶瓶。貓奶的分量可逐漸增加。若喝太多導致拉肚子時，注意餵奶次數保持不變，但減少每次的餵食量。

協助排泄是在喝奶前與喝奶後進行。用溫水弄濕紗布後輕輕刺激肛門一帶，像母貓舔幼貓肛門一樣。

🐾 出生約一個月後，開始餵離乳食品

出生30～45天時，可觀察幼貓的成長狀態，並餵食離乳食品。離乳食品是濕式貓食或泡濕的乾飼料。必須選用幼貓專用的食物。等到出生60天時，再從離乳食品轉換到一般幼貓食品。

人工哺乳的方法

出生4～5天這段期間，每隔3小時餵一次。之後可配合成長逐漸減少次數，不過一天仍至少要餵3次以上。

＊準備的物品

奶瓶
幼貓專用的奶瓶。緊急時使用滴管也可以。

幼貓專用奶粉
選擇幼貓專用的食物。牛奶是造成拉肚子的主因，因此除非緊急時刻，否則應避免餵貓咪喝牛奶。

❶
沖泡貓奶，加溫至38度左右。

❷
抬起上半身，讓牠含住奶瓶吸奶。

❸
肚皮鼓起來

喝完後如果幼貓的肚子比喝奶前鼓脹，就完成了。

貓寶寶的成長

貓寶寶一天睡20個小時以上。除了哺乳和協助排泄外，記得做好保暖，讓牠們安心入睡。

出生未滿一週	剛開始沒有視覺、聽覺，除了喝奶、排泄外，幾乎都在睡覺。臍帶在出生1週內會脫落。
出生1～2週	出生1週左右會睜開眼睛，出生2週左右就能夠看見東西。逐漸能夠自己行動。
出生2～3週	耳朵在出生約2週起就能聽見聲音。長出乳牙。開始有幼貓的長相和體型，能四處活動。
出生第4週	出生30～45天起可吃離乳食品。如果能自行排泄，就可以訓練使用貓砂。

協助排泄

❶
哺乳前和哺乳後必須幫助幼貓排泄。用溫水沾濕紗布或面紙，輕輕刺激肛門附近。

❷
尿液會慢慢滲出來。排便是一天一次。超過三天未排便的話，應向醫師諮詢。

測量體重

幼貓一天會增加5～10克。一週約增加100克。記得每天都要幫小貓測量體重。

一眨眼就長大了！
貓咪的成長與一生

可愛的幼貓時代一眨眼就過去，
進入充實的成貓時代。
一塊來了解貓咪的成長過程。

幼貓的社會化

讓牠體驗各種事物，習慣剪指甲等梳理步驟

等幼貓適應家裡之後，有些管教和習慣必須從小培養。貓咪雖然會自行理毛，不過刷毛、剪指甲、刷牙等梳理仍然少不了。否則等到牠們長大後才進行會很辛苦，飼主必須趁著幼貓期讓牠們養成習慣。梳理方式參考P.138～145。

貓咪平日都在家裡自由生活，因此有些貓咪討厭外出包。為了避免去獸醫院時胡鬧，最好在幼貓期就讓牠們體驗各類事物，比方說，裝進外出包裡、搭車、與其他動物碰面、讓外人撫摸等，將來才無須擔心。

🐾 幼貓的疫苗接種方式

一般來說，貓咪的預防接種是施打三合一疫苗。幼貓會從母貓的初乳中獲得抗體，但出生50天之後，抗體就會逐漸消失。第一次預防接種在出生2個月左右。之後還要接種兩次。成年後，基本上每年應該接種一次（參考P.119）。

幼貓的疫苗接種時期

第一次	出生未滿2個月
第二次	出生3個月
第三次	出生4個月
第四次之後	一年一次

▶ 從幼貓時期就要養成刷毛的習慣！

幫我剪指甲
一點都不難喔

貓咪的成長歷程

	貓咪年齡	人類年齡	特徵與照顧重點
哺乳期～離乳期	出生	0歲	出生時體重大約100克。眼睛尚未睜開，耳朵也聽不見 母貓餵**母乳**、協助排泄
	第1～2週	1～3個月	眼睛睜開，耳朵豎起，慢慢能**爬行** 體重約出生時的2～3倍
	第3週	6個月	長出乳牙，會自行排泄 會縮起爪子　　可吃泥狀的離乳食品
	第4週	1歲	行動活潑，會和其他兄弟姊妹玩在一塊兒　　會發出呼嚕聲 能吃固態食物。正值**斷奶期**，可讓牠們吃幼貓專用食物
幼貓期	2個月	3歲	乳牙長齊了，眼睛變成成貓的顏色 可教牠使用**貓砂盆**　　接受第一次**預防接種**
	3個月	5歲	體重增加至1～1.5公斤 可梳理和洗澡　　接受**第二次預防接種**
	6個月	9歲	母貓在5～7個月時性發展成熟 公貓是6～8個月大時性發展成熟，開始會作記號 出生7個月後可進行**結紮手術**
	8個月	11歲	乳牙脫落，**恆齒**長齊　　可**刷牙**、**剪指甲**，進行梳理
成貓期	1歲	17歲	過了1歲之後，身體成長完成，進入成貓階段。體重約3.5～4.5公斤 **可進行繁殖**　　1歲半起改吃成貓食物
	2～7歲	24～44歲	2歲後每增加1歲等於增加人類年齡的4歲 年輕又活潑好動，過著充實的成貓生活 5歲起進入中年期，個性逐漸變穩重 中年期後容易發胖。過重容易生病，必須小心
老貓期	8歲	48歲	開始老化，臉上會摻雜白毛　　更換成老貓專用食物 反應和行動變得遲緩，活動量減少，睡眠時間增加
	10歲以後	56歲～	一天之中大半時間都在睡覺　　視覺、聽覺、嗅覺衰退 飼主必須注意牙周病，維護貓咪**牙齒健康**

We love Cats! ❶
養貓咪需要花多少錢呢？

　　開始養貓時，準備貓砂盆、外出包等物品就必須花錢。日常生活的主要花費包括貓食費、消耗品的貓砂費、玩具費等。為了貓咪的健康，也要接受預防接種、健康檢查費用、住院時的醫療費用等。事先準備好這些飼養費吧。以下介紹的參考金額是一隻貓的花費。平日最好養成定期儲蓄醫藥費的習慣，才不用擔心意外狀況發生。

＊一開始必須準備的物品

貓砂盆	NT200～3500元
外出包	NT300～3000元
籠子	NT300～10000元
貓床	NT400～5000元
貓抓板	NT100～1000元
貓碗	NT100～900元
玩具	NT100～1000元

＊消耗品

餐費（貓飼料）	1個月 NT300元～
餐費（貓罐頭）	1個月 NT200元～
零食	1個月 NT100元～
貓砂	1個月 NT300～1000元
貓草	NT150～300元

＊醫藥費、美容費

疫苗接種	每次 NT350～1000元
跳蚤、蝨子的預防	每次 NT 200～500元
健康檢查	NT900元～
公貓結紮手術	NT1500～3000元
母貓結紮手術	NT2500～5000元
洗澡	NT250～600元

貓抓板是消耗品，抓壞了就要換新的

◀貓食費是固定支出

◀疫苗接種等醫藥費都是必要支出

Chapter 2
愛上貓咪的一切！

只要了解我，
就會愛上我喔！喵～

世界人氣貓咪介紹和個性情報

敏感又任性，
充滿魅力的生活伴侶！

貓咪個性自我且任性，
但牠們也有害怕寂寞的一面。
一旦了解貓咪的習性，就能愉快相處喔！

很久很久以前
**貓咪和人類，
從西元前就是好朋友了！**

人類和貓咪共處的歷史相當悠久，大約自九千五百年前，賽普勒斯島的遺跡就留有貓咪的身影。西元前三千年的古埃及，也發現有貓咪與人類一同埋葬的遺骸，代表當時社會已經存在著養貓的習慣。不過古埃及時代的貓咪不是寵物，而是被視為崇拜對象，人們對貓咪小心呵護，也禁止將牠們帶往國外。

後來貓咪隨著人類移居到歐洲，負責在船上抓老鼠，避免老鼠偷吃穀物等貨品，才開始愈來愈貼近人類的日常生活。

最適合貓咪的飼養方式
**喜歡宅在室內，
住公寓也沒問題！**

對貓咪來說，日常生活最重要的事情就是充足的睡眠，平均每天要睡16個小時以上。除了吃飯，就是愉快玩耍、悠哉休息的過日子。難怪貓咪適合住在獨門獨院的房子，也適合當公寓大樓的寵物，與人類一塊兒生活。

不像住在室外的流浪貓，行動範圍看起來廣大，其實真正的地盤非常有限。養在室內的貓咪幸福多了，能在屋裡自由來去、奔跑、使用家具或貓樹上下移動，這樣的運動量和散步量，已經可以滿足貓咪的需要了。

基本上，貓咪習慣單獨行動，也擅長獨自看家，所以飼主獨居或白天時間沒人在家也無所謂。很多人選擇貓咪當寵物，也是因為牠們飼養起來非常輕鬆呢！

貓咪為什麼喜歡做這些事情？

喵喵們到底在想什麼呢？

貓咪平時看來總是一派悠閒，其實他們的行為有著固定模式。
很多看似不經意的動作，都是出自貓咪的習性。
試著仔細觀察看看，找出貓咪不可思議的行動有哪些！

個性非常自我
🐾

野貓喜歡單獨行動，即使自己一個也無所謂，十分不合群。如果有飼主，對牠來說，就像是同居人或家人。

有時愛撒嬌
🐾

基本上與飼主保持不即不離的冷漠關係。但有時也會靠著飼主睡覺，或是露出愛撒嬌的一面。

地盤很重要！
🐾

他們喜歡保有自己的地盤，最愛「老地方」。在家時，只要待在喜歡的地方就會覺得安穩。

愛戀自己的味道，喵
🐾

磨蹭飼主或物品是為了留下自己的味道。只要地盤和飼主身上有自己的味道，就會感到放心。

露出狩獵的本能！
🐾

具有狩獵、捕抓獵物的本能，遇到鳥類或昆蟲會很興奮。就連飼主手中舞動的玩具，也能引起牠們的興趣。

睡個不停
🐾

不打獵時，何必浪費體力？他們會找到家裡最舒服的地方睡個過癮。

依據順眼的臉型和毛色
找出自己喜歡的貓咪

不同品種的貓咪有著不同的個性與外貌，就連長短毛也有區別，甚至眼睛流露出的個性，以及輪廓和體型等等都不同。

 臉型和體型
豐富多變化
哪種臉型的貓咪跟你最有緣呢？

貓咪有三大臉型、體型可分四大類，我們先來了解臉型和體型吧。

臉型

圓臉　　　　　　三角臉　　　　　　四角臉

波斯貓、喜瑪拉雅貓、異國短毛貓等，扁鼻子的扁臉貓也包括在內。

暹羅貓、阿比西尼亞貓、東方短毛貓、歐西貓等。通常倒三角形的小臉，容易給人機靈的印象。

美國短毛貓、法國藍貓、曼赤肯貓等。臉部特徵是渾圓可靠。

體型

寬腰短腿型
腰部略寬的矮胖體型，又稱為「短軀短腿型」或「半短軀短腿型」。代表品種有波斯貓、喜瑪拉雅貓等；半短軀短腿型有美國短毛貓、蘇格蘭摺耳貓等。

纖細長身型
身體細長，稱為「東方型」。代表品種有暹羅貓、柯尼斯卷毛貓、峇里貓等。

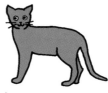

苗條緊實型
看起來苗條，但又比前面的「東方型」多點肌肉，稱為「外國型」或「半外國型」型。前者有阿比西尼亞貓、俄羅斯藍貓等，後者有美國捲耳貓、東奇尼貓等。

肌肉結實型
體型大，身體長，肌肉結實，骨頭粗壯的類型稱為「長身結實型」。代表貓咪有緬因貓、挪威森林貓、布偶貓等。

貓咪的毛色和長短大不同
毛色也會影響外貌的印象喔！

貓咪的披毛分兩大類，短毛種摸起來手感滑順，長毛種則是長而柔軟的觸感。毛色除了單色外，還有條紋、斑紋等類型。

單色

全身單色系的貓咪在血統書上稱為「純色」

白色　　　　　黑色　　　　　灰色
（也稱藍色）

條紋

經典條紋　　　魚骨紋　　　　斑點紋
與美國短毛貓一樣有螺旋花紋和條紋。　背部到腹部有簡單的平行條紋。　身體兩側有類似豹紋的斑點。

斑紋

擁有兩種顏色以上的斑點，展現與眾不同的氣質個性

雙色　　　　　　　三色
黑色搭白色的雙色斑紋稱為「Bi-color」。　黑、白、褐等三色的混色貓稱為「calico」。

重點色

身體末端有較深的顏色。如：暹羅貓、喜瑪拉雅貓等。

＊貓眼的秘密

成貓的眼睛主要分成藍色系、綠色系和金色系。不過剛出生的幼貓，眼睛幾乎都是藍色。要等到出生約兩個月後，顏色才會變成牠該有的樣子，並且固定下來。例如有些貓咪的眼睛，小時候是藍色，長大卻變成金色（琥珀色）。

藍色系　　　　綠色系　　　　黃色

金色　　　　　橘色　　　　　紅黑色

陰陽眼
兩隻眼睛的顏色不同，稱為陰陽眼。通常一邊是藍色，另一邊是金色或綠色，多半發生在白貓身上。

＊混種貓最常見的花色？

混種貓除了單色之外，還有褐色虎斑、雉雞虎斑（焦褐色虎斑）等雙花色的混合。其中「虎斑」屬於魚骨紋的一種變化。

褐色虎斑

雉雞虎斑　　　鯖魚虎斑

＊「三色貓」都是母貓嗎？

三色貓的毛色是由白色、黑色、褐色、灰色當中的三個顏色組成斑紋。傳説中，三色貓只有母的，主要是因為這種花色是染色體遺傳造成。只有極少數染色體異常的父母才能夠生出公的三色貓，不過公的三色貓多半沒有繁殖能力。

世界人氣喵喵圖鑑

每隻可愛貓咪都有形形色色的外貌和氣質，吸引人們想要與牠親近。
現在就為大家介紹貓咪地球村裡面，擁有最多人氣、而且最容易飼養的品種。

Abyssinian
阿比西尼亞貓

原 產 國 * 衣索比亞	
體　　　重 * 3～5kg	
毛　　　長 * 短毛種	
毛　　　色 * 淡黃褐色、肉桂色、淡紅色、藍色、紅色等	
眼睛顏色 * 綠色、淡褐色、金色等	
叫　　　聲 * 小	
運 動 量 * 大	
個　　　性 * 好奇心旺盛，同時有點神經質	

動感流線和優雅姿態是魅力焦點

家世背景非常悠久顯赫，被譽為「埃及神話的女神化身」。體態屬於標準的外國型，苗條有肌肉的身體曲線，加上每一根貓毛上面都有2～3種的帶狀顏色，稱為「多層色斑」，動靜之間，閃閃發亮的毛色是牠的最大特徵。

飼養POINT！

個性活潑，需要大量的運動，居家玩具是必備品。但要注意保持身材，避免飲食過量。

飼養POINT！

個性開朗穩重、聰明，非常受到喜愛。在家裡準備貓樹，可以滿足牠們喜歡縱向運動的嗜好。

▶苗條身材和美麗毛色，讓我一出場就是焦點！

▲我和家人長得不太一樣？因為我們的毛色和花紋變化很多嘛！

American Short Hair
美國短毛貓

原 產 國　美國	
體　　　重 * 3～6kg	
毛　　　長　短毛種	
毛　　　色 * 銀色、深褐色等所有顏色	
眼睛顏色　藍色、綠色、淡褐色等	
叫　　　聲 * 普通	
運 動 量　略大	
個　　　性　活潑開朗，喜歡與人親近	

多變的花紋及活潑的個性討人歡心

據說牠們的老祖先是當年從英國搭乘五月花號前往美國的貓咪呢！隨船的任務是抓老鼠。雖然顏色和花樣多變化，但以條紋花樣最具代表性，另外也有單色或斑點的美國短毛貓。

▼超級卡哇伊的眼神，喵～

American Curl
美國捲耳貓

原 產 國	美國
體　　重	＊3～6.5kg
毛　　長	長毛種
毛　　色	＊黑色、紅色等所有顏色
眼睛顏色	藍色、金黃色等所有顏色
叫　　聲	＊普通
運 動 量	略大
個　　性	＊穩重聰明，十分討喜

可愛的捲耳，超吸睛
除了漂亮的長毛是魅力所在，捲耳貓最大的特色當然就是捲耳朵，通常出生四個月左右就會變捲，不過也有些貓咪的耳朵不會變捲。

飼養POINT！
活潑好動，動得多，當然也吃得多，特別是成長期，需要攝取充分營養。

飼養POINT！
玩累了，可以幫牠們刷毛放鬆。由於體型小，記得控制食量，避免過重。

▼雖然尾巴只有5～7cm，但一點都不影響我的氣勢呢！

Japanese Bobtail
日本短尾貓

原 產 國	日本
體　　重	＊3～4.5kg
毛　　長	短毛種、長毛種
毛　　色	＊黑色、紅色等所有顏色
眼睛顏色	藍色、金黃色等所有顏色
叫　　聲	＊普通
運 動 量	大
個　　性	＊順從聽話、偶爾貪玩調皮

短短的尾巴最可愛
最大的特色是短尾巴！這個特徵來自於隱性基因遺傳，也就是說父母親必須都是短尾貓，否則不會生出短尾貓。在所有毛色當中，以「mike（三毛貓）」最受喜愛。

飼養POINT！
屬於大型貓，除了運動量大，每天餵食和刷毛的工作也不能疏忽。

▲笑咪咪、圓滾滾的模樣，是我給人們的第一印象！

Chartreux
法國藍貓

原 產 國	法國
體　　重	＊4～6.5kg
毛　　長	短毛種
毛　　色	＊只有藍色
眼睛顏色	金黃色、橘色、紅黑色
叫　　聲	＊略小
運 動 量	略大
個　　性	＊成熟雍容，聰慧乖巧

來自浪漫法國的藍貓
有著鬆軟的藍色披毛，個性悠閒自在，容易飼養。不同於其它貓咪，藍貓的嘴型圓潤飽滿，因此也被暱稱為「微笑貓」。

▼小臉蛋配上大耳朵和大眼睛，令人印象深刻的五官

飼養POINT！
好奇心旺盛，喜歡人們拿玩具陪牠玩耍。不過有時候情緒來了，也會ㄅㄧ ㄤˋ逗陣。

Singapura
新加坡貓

原 產 國	新加坡
體　　重	＊2～3.5kg
毛　　長	短毛種
毛　　色	＊只有黑貂色（金屬光深褐色）
眼睛顏色	綠色、金黃色、紅黑色等
叫　　聲	＊略小
運 動 量	普通
個　　性	＊愛撒嬌黏人，有些神經質

天生的可愛娃娃臉
原鄉在新加坡的迷你型貓咪，毛色非常美麗。每一根貓毛都有著不同顏色，屬於多層色披毛，隨著身體的律動，展現萬種風情。

Scottish Fold
蘇格蘭摺耳貓

（編註：1974年GCCF因為此品種會發生嚴重的畸形病變，將其從認可的
貓咪品種名單上除名。在英國禁止繁殖。）

原 產 國	短毛種是英國，長毛種是美國
體　　重	＊3～5.5kg
毛　　長	＊短毛種、長毛種
毛　　色	＊黑色、紅色等所有顏色
眼睛顏色	＊藍色、金黃色等所有顏色
叫　　聲	＊普通
運 動 量	＊普通
個　　性	＊穩重乖巧，悠閒自在

飼養POINT！

能很快適應居家群體生
活，只要記得提供玩具
和天天幫牠刷毛，就可
以過得開心滿足。

▲三色的蘇格蘭摺耳貓

逗趣可愛的下垂小耳朵

最早在英國被發現，像卡通般的耳朵前折貓
咪。小巧的臉蛋搭配穩重的體型和悠閒的動
作，性情相當合群，廣受人們的歡迎。

▲長毛種的黑貓

Tonkinesse
東奇尼貓

原 產 國	＊加拿大
體　　重	＊3.5～5kg
毛　　長	＊短毛種
毛　　色	＊白色之外的區域是巧克力貂色或丁香貂色等
眼睛顏色	＊藍色、綠色、金黃色等
叫　　聲	＊普通
運 動 量	＊略大
個　　性	＊好奇心旺盛且感受性強

承襲自暹羅貓的優雅外表

由緬甸貓和暹羅貓交配而成，結
合兩者的優點，同時擁有緬甸貓
如貂皮般的亮澤毛色以及暹羅貓
的優雅。

飼養POINT！

外表有點酷，其實本性愛
玩又活潑，需要幫牠們準
備貓樹和大量的玩具，讓
充沛活力得以發揮。

▶沒錯！我比把拔和馬麻
（暹羅貓）豐滿圓潤一
點，福氣啦！

Norwegian Forest Cat
挪威森林貓

原 產 國	＊挪威
體　　重	＊3.5～6.5kg
毛　　長	＊長毛種
毛　　色	＊深褐色、紅色等所有顏色
眼睛顏色	＊藍色、綠色、金黃色等
叫　　聲	＊略小
運 動 量	＊大
個　　性	＊個性溫和，容易敏感

抱起來觸感鬆軟的大型貓

體格健壯加上厚實的披毛，讓人不由地想
起牠們的家鄉是遠在氣候嚴寒的斯堪地那
維亞森林。雖然好動，但個性溫和，喜歡
享受被人抱在懷裡刷毛的舒適。

飼養POINT！

大型貓的食量大，運動需
求也大，在家設置貓樹和
準備多樣化的玩具，能讓
體能訓練更有效率。

▲是不是很想摸一下我身上漂亮的
長毛啊？

Himalayan
喜瑪拉雅貓

原 產 國	英國
體　　重	＊3～5.5kg
毛　　長	長毛種
毛　　色	＊肉桂色、紅色等所有顏色
眼睛顏色	只有寶藍色
叫　　聲	＊略小
運 動 量	略小
個　　性	＊安靜乖巧，優雅自得

可愛的扁鼻臉擁有超高人氣

蓬鬆的長毛，加上臉、耳朵、四肢和
尾巴的重點色，是得自於雙親，波斯
貓和暹羅貓的共同特色。性情安靜乖
巧，總是給人優雅華麗的印象。

▲扁鼻子是我的正字標誌！

飼養POINT！
牠們雖然不好動，但是也喜歡跟
飼主拿玩具一起嬉戲喔！另外，
為了維持美麗的外貌，記得每天
勤快地替牠們刷兩次毛。

▼看到我身上的紅色重點嗎？

飼養POINT！
除了喜歡撒嬌，賴著主人陪
玩遊戲；愛漂亮的牠們也希
望飼主能每天做兩次刷毛，
讓長毛保持漂亮飄逸。

British Shorthair
英國短毛貓

原 產 國	英國
體　　重	＊4.5～5.5kg
毛　　長	短毛種、長毛種
毛　　色	＊藍色、紅色等所有顏色
眼睛顏色	綠色、金黃色、紅黑色等
叫　　聲	＊略小
運 動 量	大
個　　性	＊聰明又冷靜

圓滾滾的身材，
非常有分量

厚實的體型加上圓臉、粗
脖子是醒目特徵。最早是
為了滅鼠，遠征從羅馬被帶
到英國，現在已經成為家
喻戶曉的寵物明星。常見
的是短毛、藍色，但也有
長毛和其他毛色的品種。

◀渾圓飽滿的體
態，是我的獨特
魅力喲！

▲偶是黑煙色！

飼養POINT！
非常貪玩，運動量很
大，得讓牠們徹底玩
耍活動才行。體力消
耗掉之後，也要記得
餵食補充營養。

▲偶是雜色

▼偶是褐色斑紋代表！

Persian
波斯貓

原 產 國	＊阿富汗
體　　重	＊3～5.5kg
毛　　長	長毛種
毛　　色	＊黑色、紅色等所有顏色
眼睛顏色	藍色、黃色等寶藍色之外的所有顏色
叫　　聲	＊略小
運 動 量	略小
個　　性	＊穩重順從

每 次亮相都是華麗登場

當年跟著香料、寶石等高級品一起從波斯來到歐洲，難
怪每次現身，總給人尊貴的印象。最吸睛的特色是他們
臉上被壓扁的朝天塌鼻，以及朝兩側分開的大圓雙眼。

Bengal
孟加拉貓

原 產 國	美國
體 重	＊3.5～5kg
毛 長	＊短毛種
毛 色	＊只有黑色
眼睛顏色	綠色、黃色等陰陽眼之外的顏色
叫 聲	＊略大
運 動 量	＊大
個 性	＊外表酷帥，內心和善

有著原始野性的美麗斑點
野生山貓「豹貓」和一般公貓交配而成的
純種貓。身上的斑點是最大特徵，外表看
起來充滿野性，但其實個性穩重友善。

▲ 羨慕我嗎？天生就有的斑
點皮衣！

Bombay
孟買貓

原 產 國	美國
體 重	＊3.5～4.5kg
毛 長	短毛種
毛 色	＊只有黑色
眼睛顏色	金黃色、橘色、紅黑色等
叫 聲	＊普通
運 動 量	略大
個 性	＊好奇心旺盛，活潑好動

暗黑天使的最佳代言
體型強健，有如黑豹般的神秘外表，是緬甸貓
和美國短毛貓等交配而成的純種貓。除了散發
光澤的黑色短毛，身上的鼻子和肉墊也是黑
色，使得略往兩側分開的大圓雙眼格外醒目。

▼除了純黑的毛色，仔細看我的渾圓口鼻，也是特徵喔！

飼養POINT！
好奇心旺盛，喜歡跟人互動
玩耍，上下跳躍運動是牠們
的最愛。

飼養POINT！
別看牠們體型大，逗弄玩具
和攀爬貓樹時，動作可是非
常敏捷機靈，每天都需要相
當大的活動量喔！

▲ 裝飾毛加上披毛，讓
我的外表有著最時尚
的混搭風

Maine Coon
緬因貓

原 產 國	美國
體 重	＊3～6.5kg
毛 長	長毛種
毛 色	＊深褐色、紅色等所有顏色
眼睛顏色	藍色、綠色、橘色等
叫 聲	＊略小
運 動 量	略大
個 性	＊安穩沉靜

雍容華貴的大型長毛種
壯碩的體格加上豐盈的長毛，讓牠們
看起來顯得更有分量。身上從脖子四
周、屁股到尾巴都有華麗的裝飾毛。
五官的辨識度也很高，尖尖豎起的耳
朵，四方形的口鼻皆是特徵。

個性愛撒嬌，會主動靠過來找人陪牠玩！蓬鬆長毛需要每天至少一次的刷毛整理。

Ragdoll
布偶貓

▲我是主人的大玩偶！漂亮寶貝～喵

原 產 國	＊美國
體　　重	＊4～7kg
毛　　長	長毛種
毛　　色	＊白色之外的區域是淡褐色、丁香貂色等
眼睛顏色	只有寶藍色
叫　　聲	＊普通
運 動 量	略大
個　　性	＊可愛乖巧

因為長相可愛贏得的名號

乖巧又喜歡被人擁抱，就連叫聲都嗲嗲的，因此被人們取名「布偶」。擁有雙層披毛，加上胸部厚實，抱起來觸感很暖和。蓬鬆的長尾巴是特色，長度幾乎跟身長差不多呢！

Russian Blue
俄羅斯藍貓

原 產 國	英國
體　　重	＊3～5kg
毛　　長	短毛種
毛　　色	＊只有藍色
眼睛顏色	只有綠色
叫　　聲	＊小
運 動 量	略大
個　　性	＊害羞內向

披著藍灰色大衣的神秘客

身上藍色的披毛摸起來細緻柔軟，而且根部和尖端的顏色略微不同，遠看像是耀眼的銀色。雖屬於外國體型，但身材偏苗條，臉蛋的比例格外嬌小，性情沉靜，幾乎很少發出叫聲。

Laperm
拉邦捲毛貓

原 產 國	美國
體　　重	＊4～6kg
毛　　長	短毛種、長毛種
毛　　色	＊藍色、紅色等所有顏色
眼睛顏色	藍色、金黃色等所有顏色
叫　　聲	＊普通
運 動 量	略大
個　　性	＊靈巧聰明

走在流行前端的捲毛風情

彷彿剛從美容院出來一樣，天生的微捲毛讓牠們充滿時尚感。特別是胸前華麗蓬鬆的披毛，讓身型苗條、個頭嬌小的牠們只要出場，就渾身散發出明星般的氣質！

飼養POINT！
除了利用貓樹和玩具勤運動，每天刷毛也是讓牠們保持美麗的不二竅門。

▶動靜之間，流露出唯我獨尊的貴氣

▲捲捲的毛，是不是讓我看起來更俏皮有個性啊？

飼養POINT！
個性有些神經質，喜歡周圍的環境保持安靜。偶爾會主動靠近，代表這時候牠想跟主人玩耍嘔！

驚人的柔軟體感，擁有超群平衡力！

> 貓咪最自豪的靈敏行動
> 究竟來自身體內哪些秘密構造？
> 透視牠們的五感，解開令人驚嘆的能力！

貓咪體適能的全方位剖析！
**具有發達體格、高超機能
是天生的狩獵高手！**

　　貓咪原本就是捕食獵物維生的肉食性動物，牠們卓越敏捷的運動能力，也是野生時代留下來的習性。天生就是狩獵高手，牠們能夠不發出聲音，安靜地接近獵物，這種本事是狩獵型動物才有的特殊技能。接下來，就讓我們找出隱藏在貓咪體內的秘密！

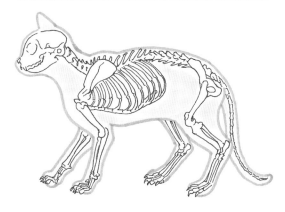

◀別看我靜悄悄地，
狩獵能力可是相當
厲害喔！

全身

▲貓的骨頭比人類多出約40根。

身體

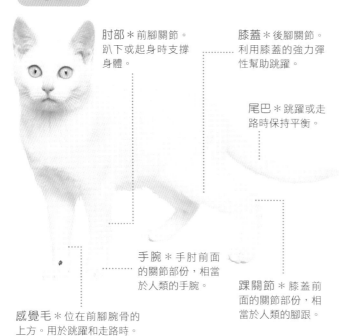

肘部＊前腳關節。趴下或起身時支撐身體。

膝蓋＊後腳關節。利用膝蓋的強力彈性幫助跳躍。

尾巴＊跳躍或走路時保持平衡。

手腕＊手肘前面的關節部份，相當於人類的手腕。

踝關節＊膝蓋前面的關節部份，相當於人類的腳跟。

感覺毛＊位在前腳腕骨的上方。用於跳躍和走路時。

臉

小袋＊耳根處層疊的部位。

眼睛＊圓形或杏仁形。

耳＊有30條以上的肌肉，可以180度轉換方向。

瞳孔＊調整進光量，在暗處也能看得清楚。

鼻子＊露出皮膚的溼潤部份稱為「鼻鏡」。

瞬膜＊位在眼頭深處的一層薄膜，閉上眼睛時就會出現。

鬍鬚＊根部有神經，一點風吹草動也能夠感應。

肉墊

肉墊覆蓋厚厚的皮膚，上面有汗腺，功能就像氣囊。

前腳

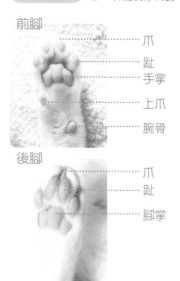

爪
趾
手掌
上爪
腕骨

後腳

爪
趾
腳掌

口

切齒＊上下各有六顆的門牙，用來剝除獵物的毛或羽毛，也用來理毛。

犬齒＊刺進獵物的銳利長犬齒，上下各有兩顆。

臼齒＊切碎食物的後側牙齒，全部共有十四顆。

舌

表面有朝著喉嚨方向的粗糙倒刺，除了用來舔、吞、將肉剝離骨頭之外，還用來充當梳子順毛、清掉髒束西和脫落的貓毛。

貓咪發達的體能和五感
從野生時代進化而來
與眾不同的卓越能力

貓咪行動的特徵是牠們獨特的彈性、驚人的跳躍力和瞬間爆發力。即使現在多數已成為家貓，不再需要打獵，牠們仍會在房間裡上下移動，展現敏捷的特性。

另外，貓咪敏銳的五感，也是身為狩獵者不可或缺的能力。除了在黑暗中能夠看見東西、眼睛會發光等特徵，牠們還能夠聽見人類聽不見的聲音，這些為了能夠捕獲獵物而發展演化的卓越能力，讓貓咪顯得與眾不同。

跳躍力

貓咪跳躍時，會用到腰部、後腳、腳跟的力量。藉著伸展柔軟的脊椎，牠們能夠跳越身長五倍的距離。

瞬間爆發力

貓咪總是保持腳趾站立的狀態，相當於人類手掌或腳跟的部份不著地，這點讓牠們擁有隨時能飛奔的瞬間爆發力。奔跑時速可達50公里。

平衡能力

貓咪的平衡能力超強，能夠輕鬆地走在狹窄的牆頭，或是從高處摔下也能瞬間站直，甚至在寬度約3～4公分的地方，都可以自在行動。

柔軟度

貓咪的骨頭、關節、肌肉量都比人多，這些讓牠們擁有非常好的柔軟度，能夠輕易地做出扭轉身體、弓成球形、鑽入縫隙等高難度動作。

爬再高也能
優雅地安全著地！

貓咪最喜歡登高了！因為牠們擁有很好的跳躍力，就算支撐點不穩定，也能保持良好的平衡。憑藉著卓越的反射神經，即使從高處落下，也能優雅著地。

注意看！貓咪跳躍時，會縮起身子累積力量，再一口氣伸直身子跳出去。當背部朝下落地時，牠們會按照頭→前腳→上半身→臀部的順序扭轉身子，在短短60公分的摔落距離之內，轉換著地部位，最後弓起背部，腳朝下，以肉墊當作緩衝，優雅地輕輕著地。

視覺

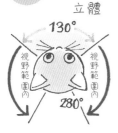

立體
130°

視野範圍內　視野範圍內

280°

  明亮時

  昏暗時

貓咪的視線範圍是280度，其中，雙眼同時看見的立體視覺範圍是130度。視野比人類還廣呢！因為人的視線範圍是210度，立體視覺範圍是120度。另外，貓咪眼睛的視網膜後側有個叫做「照膜」的反光板。它能反射光線，讓貓咪在黑暗中看東西比人類明亮五倍。在明亮環境下，貓咪的瞳孔會縮小成細線，昏暗時則張開成正圓形，調整進光量。

不過，貓咪的視力其實只有人類的十分之一左右，也不擅長分辨顏色。他們只能清楚看見2～6公尺範圍內的物品。

聽覺

驚

我聽見了唷～

噓！
小聲一點！
啊！耳朵轉
向這邊了！

人的聽覺範圍大約是20～2萬赫茲，貓咪是25～7萬5千赫茲，靈敏度比狗狗的40～6萬5千赫茲更高。難怪他們能夠捕捉人類聽不見的超音波。

貓耳有32條肌肉，可以自由轉動，所以貓咪還可以將單隻耳朵轉向發出聲音的方向。

因為貓咪屬於伏擊型的狩獵者，聽力發達，讓他們能夠察覺出聲音的距離和方向，不會遺漏掉任何獵物發出的聲響。

味覺

理毛時可以當梳子
舌頭上的倒刺很好用！

貓舌頭上面有感覺味道的細胞，可以感覺到苦味、甜味、酸味和鹹味。

但是他們的味覺並不發達，多半以嗅覺代替味覺判斷食物的味道。

嗅覺

嗯～從味道就可以蒐集情報喔！

靠犁鼻器解讀訊息

貓咪的嗅覺細胞大約是人類的兩倍，因此嗅覺比人類靈敏20萬～27萬倍。鼻子會因為汗水和皮脂而溼潤，而且鼻子溼的時候靈敏度更高。除了味道之外，貓鼻還能夠察覺溫度變化。

另外上顎後側的「犁鼻器」也有嗅覺。透過味道，貓咪可以得到各種資訊，很多人類無法分辨的氣味，貓咪都能察覺。貓咪喜歡磨蹭人類或物品，也是為了留下氣味。

觸覺

鬍鬚

相信嗎？我可以通過這麼小的洞喔！

神經　血管

眼睛上方、嘴邊、臉頰、下巴等處的白色粗毛是稱為「觸毛」的感覺器官。毛根有神經，只要一接觸，連微弱的重量和動態都能察覺。光是單邊的臉頰上，就有50～60根的鬍鬚同時擺動。難怪貓咪不用觸碰到物品，光是接觸空氣的流動就能感知動態。

除了仰賴視覺，鬍鬚的觸覺也幫助貓咪在暗處中移動。據說如果把所有鬍鬚（下巴、嘴邊、臉頰等處）綁在一起構成的橢圓形，就是那隻貓所能通過的最小範圍。

解讀愛貓的心情一點都不難！

猜不透啊！到底我家喵喵在想什麼呢？其實試著觀察貓咪，就能夠從眼睛、耳朵、鬍鬚和尾巴等動態，了解牠們的各種情緒囉！

喵喵心事，誰人能了解？
想看透貓咪
眼睛、耳朵、鬍鬚是重點

貓咪的表情豐富多變，情感表現也十分多樣化。只要留心觀察牠們的瞳孔大小、耳朵方向、鬍鬚角度，還有尾巴動態、披毛等，就可以更了解貓咪的心事喔！

全身都能表達情緒

好奇

當眼睛睜大，瞳孔變圓；耳朵豎起朝向感興趣的方向；尾巴豎起或微幅擺動，加上臉部肌肉繃緊、鬍鬚直豎時，代表牠正感到好奇。

害怕！

一旦耳朵向後倒，姿勢趴低，採防禦態勢；瞳孔變大、眼睛變黑時，則表示緊張害怕，感到不安。

威嚇

耳朵側倒、全身披毛豎起、瞳孔放大、露出獠牙時，最好小心一點，表示牠內心害怕卻準備威嚇對手。發出「嚇！」的聲音是準備攻擊的訊號。

滾動！

如果牠主動到身邊打滾，甚至露出肚子，表示很放鬆，擺出撒嬌的樣子，正是希望有人可以陪牠們玩耍呢！

嚇！

滾滾滾

陪我玩嘛！

喵喵表情大解讀

害怕！

耳朵側倒，鬍鬚豎直，眼睛的黑色部份變大。

正常

耳朵往前，眼睛是標準大小。

放鬆

眼睛稍微瞇起，耳朵往前，鬍鬚也呈現自然狀態。代表心滿意足、心情放鬆。

生氣了！

耳朵往後，鬍鬚有些下垂，瞳孔變成細直狀。

專注！

耳朵往前，眼睛的瞳孔放大，鬍鬚豎直，敏銳地注意獵物的動向。

輕鬆掌握喵喵的喜怒哀樂！

嘿嘿

平常的眼睛

興奮不已

黑眼珠變大

蠢動

是妳的錯吧！

搞什麼！？

滾動

拜託拜託，麥擱吵啦！在地上打滾露肚子撒嬌中……

平常軟趴趴的鬍鬚

呼嚕 呼嚕

豎直

乖！乖！

只要有人秀秀，心情大好，手就會往前豎直

臉彆扭地轉向另一邊，但還是在聽訓啦！

只有耳朵往後轉

不可以！

哼

有些貓咪不開心時，鼻子真的會發出冷哼喔……

精 通 喵 言 貓 語 溝 通 零 阻 礙

貓咪平常喜歡單獨行動，只有在談戀愛的季節或打架時才會喵叫。
但有些家貓撒嬌時，會啟動幼貓模式（參考 P.59），發出叫聲催促主人要「飯飯！」或是「來玩吧！」。

長聲的「喵～」、「喵嗚」

⬇

有所求

想吃飯、找玩伴或是希望飼主幫忙開門時的催促聲。偶爾無聊也會喵叫像在說「喂喂」！

短促的「喵」、「嗚喵」

⬇

打招呼

就像在說「嘿！」一樣，牠們也會對飼主這樣打招呼問候喔！

「喀喀喀喀」、「咔咔咔咔」

⬇

發現獵物！

看到窗外的鳥或發現昆蟲時會出現這種聲音，是發現獵物很興奮的特殊叫聲。

「咪呀！」

⬇

生氣

對陌生貓咪亢奮發怒時發出的聲音；也是打架前警告、威嚇的叫聲。

「凹嗡」、「凹哇」

⬇

不安、痛苦、發情

緊張不安時的求助叫聲，像是在說「怎麼辦？」、「救救我」的意思；發情期也會發出這種聲音。

「嗚喵嗚喵」、「咕嚕嚕嚕」

⬇

自言自語

獨自悠閒放鬆、開心時，或是興奮也會發出這種自言自語的聲音。

「妙！妙！」、「喵喵喵」

⬇

抱怨

感到不滿想抱怨一下時會發出的聲音。有一種「怎麼這樣？」的「碎碎念」意味！

「嚇！」「吼！」

⬇

害怕、威嚇

害怕或想要威嚇對手、希望對方停手時會出現的叫聲。通常這種時候，貓耳朵也會往後倒。

「呼嚕呼嚕」

⬇

滿足

心情好的時候會發出的聲音。最常聽到是幼貓時期對母貓表達「我很好」的意思。

貓尾巴也有情緒喔！

貓尾巴的動作相當多變，有時啪答啪答擺動，有時直挺挺豎起。
即使身體沒有明顯動作，喵喵仍然可以透過尾巴傳達情緒喔！

豎起尾巴走近

貓咪豎起尾巴走過來撒嬌，表示想要飼主陪牠玩耍，或是肚子餓了想討吃的，千萬別不理牠們喔！

豎起！！
是柴魚喲～♪
喔耶！

尾巴左右大幅度擺動

擺動方式看起來跟狗狗興奮時一樣，但是對貓咪來說，這個動作代表牠感覺煩躁不悅。有時不爽到極點，臉部還會緊繃，甚至出現攻擊行為。

喂，來玩嘛～！
甩！
甩！
現在不要碰我！！

尾巴微幅抖動

睡覺或放鬆時如果叫牠，貓咪會抖動一下或啪答擺動尾巴末端。表示這時候牠還不想動，只是敷衍回應一下。

要乖喔～
抖
好啦！好啦！

尾巴脹大

尾巴啪地脹大、尾巴毛倒豎，表示貓咪受到驚嚇，感到非常不安。強烈恐懼時，尾巴甚至還會夾進身體下方。

啪！
饒……饒了我～喵

喵喵睡姿大解讀！
貓咪日常就是睡飽飽

貓咪睡覺時的悠哉姿勢，看著看著就給人帶來幸福感。只不過也引人好奇，牠們整天愛睏！是天生？還是太累？

每天要睡多久？
貓咪整天睡覺是有原因的！

很多人開始跟貓咪一起生活後，最大的發現是：「不管什麼時候看到牠，貓咪都在睡覺。」沒錯！貓咪每天的睡眠時間真的很長，成貓通常是15～16個小時，幼貓和老貓更久，每天要睡18～20個小時。

其實睡眠時間的長短，跟牠們的飲食習慣息息相關。一般來說，野生動物的主要工作就是吃飯、睡覺、繁殖下一代。草食性動物因為必須大量攝取植物，每天得花上好幾個小時用餐，慢慢咀嚼消化。

但肉食性動物不同，靠捕獲獵物為主，快狠準是牠們的特性！平常除了獵食，剩下的時間就用來睡覺儲存體力。雖然被飼養的家貓不需要打獵，但長期演化而來的習性，還是讓牠們需要很多睡眠。

🐾 雨天時，貓咪會特別貪睡？

遇到下雨天，貓咪的睡眠時間總會比平常更長，這是因為貓族祖先有交代；「在狩獵不易的壞天氣裡活動是一種浪費，喵～」。所以說，好天氣的日子必須打獵，雨天就用來睡覺保存體力的本能，是貓咪的天性。

我家貓咪喜歡睡在哪裡？
貓咪對於睡覺地點
也有自己的堅持！

「想知道家裡風水最好的地方，就去問貓咪！」這話說得一點都沒錯，因為貓咪真的非常擅長找到好所在。對牠們來說，最舒適的溫度大約是22度，保證夏涼冬暖。

「貓咪愛睡窩」排行榜

貓咪喜歡睡在哪兒？以下是貓咪們經常窩居的地方

夏季篇

❶ 有風吹過的走廊或樓梯平台

❷ 玄關等地板冰涼的地方

❸ 窗邊涼爽的地方

冬季篇

❶ 可以曬到太陽的地方

❷ 棉被或貓床

❸ 溫暖的電器附近

安心的地方

❶ 院子裡或狹窄的地方

❷ 飼主附近

❸ 可環顧四周的高處

貓咪多半處於淺眠狀態？
深層睡眠只佔
睡眠時間的極少部份

貓咪睡覺時，經常一有情況就會立刻醒來，代表牠們處於淺眠模式。一天約15～16個小時的睡眠當中，約有12個小時都在打盹。主要是因為野外生活很危險，必須隨時保持警戒，即使只是睡午覺，牠們也會選擇睡在視野良好的高處，或是衣櫥深處、箱子等隱密空間，都是貓咪能夠安心睡覺的地方。

貓也會作夢嗎？

貓咪睡眠的時間有四分之三都在打盹兒，其餘的四分之一是淺眠與深眠交替。例如30～60分鐘的淺眠之中，大約有5～10分鐘是深眠。人類在淺眠狀態時會作夢，貓咪呢？有時候如果看到貓咪睡覺眼皮或鬍鬚抽動，偶而還會「喵喵喵」地說夢話，這種反應表示貓咪在淺眠，說不定牠們正在作夢呢！至於貓咪到底夢到了什麼？謎底只有牠們自己才知道了。

滾來滾去

喵喵睡姿的潛語言

滾來滾去

透過貓咪的睡姿察覺牠的心情吧！
有時縮成一團，有時懶洋洋地伸直手腳，全都代表不同的情緒喔！

睡姿 VS. 溫度

*縮成一球
有點冷；氣溫約15度以下

*靠在一起睡
有點冷；感情好的象徵

*標準型
正常；氣溫舒適

*伸直
身體想要散熱

好熱啊！喵～

睡姿 VS. 心情

*人面獅身型
警戒；維持可立刻移動的姿勢

*箱型睡姿
有點警戒

*標準型
正常；感覺安心

*伸直睡姿
感覺很放鬆

*仰睡
超放鬆完全無戒心

伸展～

睡姿也會洩露心情！

睡醒馬上「伸展」身體
不是伸懶腰，
而是為行動做的暖身準備

　　貓咪睡醒後多半會伸展身體，然後打呵欠，這些都是為了讓身體甦醒的暖身運動。包括伸展肌肉、把氧氣送進大腦，做好隨時可以行動的準備。

前腳伸直是伸展的基本動作。

❶背部拱起，向上伸展

❷重心擺在前方，伸展後腳。

❸打一個大呵欠將氧氣送進大腦和肌肉，暖身完成！

喵喵夢到了什麼呢？

金太總是露出肚子睡覺

天不怕地不怕，養尊處優

如果生活在野外一定立刻會被攻擊……

睡覺時，就算摸牠的肚子也只會發出呼嚕聲，絕對不會起來……

海鯽仔正值成長期睡覺時經常抽動，表示正在長大？

海膽非常貪吃。無論睡在多遠的地方，只要聞到柴魚的味道，或聽到袋子的聲音，就會立刻跑過來

給我

喳喳喳……

有天牠睡在沙發上，一聞到味道，眼睛也沒睜開就抬起頭，用鼻子嗅著四周

睡醒立刻伸展身體～

嗯！作了一場好夢～喵！

打獵型動物不可或缺的特殊技能！

理毛、磨爪子、磨蹭……
悄悄觀察貓咪們的行動和習性，
就能解開牠們隨性生活中不可思議的祕密。

天生是孤獨的獵人
**貓咪令人驚奇的行動力，
來自於狩獵者的宿命？**

貓咪白天幾乎都在睡覺，到了傍晚或黎明時，才會發揮本領，變得比較活躍，因為天色昏暗的時段正適合外出打獵。很多飼主常覺得：「為什麼牠會這樣？」，其實只要瞭解牠們原本是狩獵者，就不難看懂牠們的行為了。比方說，打獵時，通常都會匍匐在地上等待獵物，再趁隙撲上去。這些出自於獵食的動作，平常在貓咪玩耍時也可以看到，多半歸自於貓咪天生的打獵本能。

磨爪子
到哪兒都想磨磨磨！

貓咪磨爪子是為了讓舊指甲脫落，讓底下的新指甲長出來。這樣才能隨時保持爪子的銳利，方便打獵。

而且爪子四周有臭腺，會散發氣味，磨爪子的同時也是一種作記號的表現。為了能夠悠閒安適的待在自己的地盤，牠們會到處磨爪子留下氣味。

◀隨時保持爪子的銳利，還不忘到處留下氣味。

舔毛
不只是為了愛乾淨！

理毛是喵喵的生活大事，具備四大作用：

＊去污清潔

主要目的是去除身體髒污，保持清潔。身為狩獵者，身上如果散發出強烈氣味，容易被獵物發現，所以經常清理自己是很重要的。

＊攝取維生素D

曬太陽可讓貓咪身體表面產生維生素D，而舔毛有助於補充營養。

＊調節體溫

天氣熱時，舔毛弄濕自己，利用水分蒸散帶走熱能的原理降低體溫；天冷時理毛，讓披毛蓬鬆蘊含空氣則可以幫助保暖。

＊放鬆

嚇一跳或生氣時，貓咪會突然開始理毛。對於貓咪來説，理毛等於是將自己的味道弄在身上，這個舉動可以幫助牠冷靜和放鬆。

整理儀容的時機和理毛順序

飯後

★舔舔嘴邊 → 前腳 → 洗臉

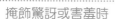

清理全身

★臉 → 胸口 → 背部

掩飾驚訝或害羞時

★洗臉、舔舔背部

上完廁所後

★肛門四周 → 後腳 → 尾巴

到處留下記號
磨蹭出自己的氣味！

貓咪經常一邊走路，一邊到處磨蹭，是為了留下記號佔地盤。在牠們的頭、嘴巴、尾巴附近都有臭腺，可以透過磨蹭將自己的味道沾在物體上。

將活動範圍內的家具、物品、飼主等，全都留下自己的味道，牠們就會感到安心。

在戶外也是，很多公貓會站著往後噴尿，這個舉動也是在作記號，除了盡早結紮預防之外，還真的很難阻止牠們呢！（參考P.122）

耙貓砂
排泄完畢消除味道！

貓咪在貓砂盆裡排泄完畢後會耙貓砂，主要是為了消除自己的味道，避免敵人知道自己的所在地，同時提高狩獵成功的機率。不過，蓋上貓砂，也無法完全消除味道，殘餘的微弱排泄物味道，多少也有作記號的功能。

有時候，貓咪聞到食物味道，也會出現耙貓砂的動作，通常這表示「等一下再吃」或是「好像有不同的食物」的意思。

待在高處
喜歡眼觀四面、耳聽八方的地方！

當你以為「貓咪不見了」，先別驚慌，試著瞧瞧家具或冰箱頂端。牠們喜歡待在高處，因為從上方可以觀察獵物或人，這樣做能讓牠們安心。除此之外，如果不希望被飼主打擾或是家裡有陌生人來訪時，貓咪也會躲上高處「避難」。

窩在狹窄空間
在箱子內或暗處才有安全感！

貓咪最喜歡待在箱子、袋子等狹窄空間，或是衣櫃等暗處。因為貓咪原本生活在樹洞等狹窄洞穴裡，待在安靜狹窄的空間內，能讓牠們安然入睡。難怪很多貓咪一看到箱子，就會忍不住鑽進去窩著呢！

貓咪最受不了哪些事情？

說到貓咪不喜歡的事情，第一名應該是弄濕身體。尤其是洗澡，不但身體被弄溼，聞不到自己的味道，還要被吹風機吹得暈頭轉向。所以很多貓咪也討厭吹風機的聲音，甚至有些喵喵連吸塵器等的馬達噪音都不喜歡。不只這樣，性情沉靜的牠們，也不喜歡大聲說話的人或是不斷糾纏牠們的小孩喔！

氣味方面，對於醋、柑橘類、牙粉、貼布等刺激性的味道，貓咪尤其受不了。有時候，貓咪會在飼主剝橘子時，湊過來嗅嗅，然後露出一臉嫌惡地離開。沒辦法！即使是討厭的東西也要聞一下，這大概也是貓咪好奇的天性吧！

我討厭橘子味喵～

飼主和貓咪的親密關係
隨心情啟動不同模式？
有時愛撒嬌，有時懶得理人

　　觀察貓咪和飼主的關係，會得到很有趣的發現喔！人貓關係大致可以分為三大模式。

幼貓模式

　　當貓咪賴在棉被或大腿上，前腳交互踏踏，代表貓咪正處於「幼貓模式」。有些成貓甚至會吸著毯子、彷彿回到嬰兒狀態。飼主只要溫柔在旁陪伴，就是最好的守護了。

家長模式

　　如果抓到昆蟲、老鼠、蜥蜴等獵物，牠們會得意洋洋地帶回來，好像在說：「我抓到這些食物了，你快吃吧。」擺出老大的氣勢，當然就是「家長模式」了。雖然貓咪帶回來的「獵物」會令飼主感到困擾，不過貓咪自己卻十分得意呢！這時請不要斥責牠們，悄悄把「獵物」清理掉才是體貼的飼主。因為貓咪的這種舉動，其實是牠們對飼主表達愛意的方式之一。

同居人模式

　　有時候叫牠們的名字不回應，甚至逗弄牠們就表現出生氣的樣子，這些情況都屬於「同居人模式」，只把飼主當成共同居住的對象，沒什麼感情啊！這時候飼主也不用難過，因為只有家貓才會看心情切換幼貓、家長、同居人等不同模式。牠們的這些舉動都很自然，飼主只要輕鬆看待就好。

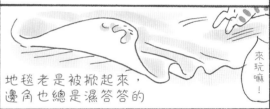

喵喵心事QA大解密！

花點心思了解貓咪的行為意義，就能適時採取行動，
取悅家裡的貓咪，同時進一步建立互信關係，成為一位好飼主喔！

擺POSE？
其實是有話
要說喔！

Q1 為什麼喵喵總是喜歡躺在我看的報紙或鍵盤上？

A 當飼主在打電腦或讀書時，牠們會蹭過來躺在鍵盤上或是飼主手邊。這些看似妨礙人的舉動，其實是牠們覺得自己被冷落了，希望飼主轉移注意力，陪伴牠們。

互動策略 千萬別冷漠地叫貓咪：「走開！」這樣貓咪會很沮喪喔！建議暫停手邊的事情，摸摸貓咪的臉或喉嚨，安撫牠們：「乖乖！」或是拿喵喵喜歡的玩具陪牠們玩耍一下，牠們肯定會更開心。

Q2 為什麼只要把物品或手指伸到貓咪面前，牠們就會湊過來嗅一嗅？

A 因為牠們的嗅覺比視覺更發達（參考P.47）。只要感到困惑或驚訝，牠們都習慣先嗅聞一下，藉著氣味確認眼前的東西。

互動策略 既然貓咪喜歡嗅氣味，不妨偶爾主動把手指伸給牠嗅一嗅，等牠靠近嗅完後，再溫柔摸摸牠，這樣的舉動能夠加深彼此的互信關係喲！

Q3 為什麼貓咪經常盯著一個定點看，牠們究竟在看什麼？

A 其實牠們只是在側耳專注聆聽聲音而已，因為貓咪的聽覺比人類強很多，能聽見我們聽不到的超音波。

互動策略 如果牠只是靜靜地看著某處，就別打擾牠。萬一牠發出「喵喵！」等叫聲，才需注意是否有異狀，也可出聲安撫：「怎麼了？」

Q4 為什麼我家貓咪喜歡把頭擺在某個東西上面睡覺？

A 據說這是源自幼貓時期，小貓咪喜歡把頭枕著母貓肚子睡覺的習慣。猜想這個動作會讓牠們想起枕著母貓睡覺時的安全感，睡得更安穩吧！

互動策略 在貓咪睡覺的地方準備盒子、抱枕、枕頭等，看貓咪睡得香甜，主人也有滿滿的幸福感喔！

Q5　為什麼貓咪每次嗅完鞋子或襪子，就會張嘴露出怪表情？

A 除了鼻子之外，貓咪的上顎還有其他氣味感應器官稱為「犁鼻器」。主要是用來分辨費洛蒙等氣味。當貓咪用犁鼻器嗅氣味時，看起來就像貓咪張開嘴巴露出微笑的表情，這個表情稱為「裂唇嗅反應」。

因為鞋子或襪子的味道類似貓咪的費洛蒙氣味，所以他們才會出現張嘴的模樣。其他時候像是舔完糞便、小便，貓咪也會露出這個表情。不只貓咪，馬、牛、老虎等動物也會出現裂唇嗅反應呢！

互動策略 觀察自家的貓咪對什麼東西的氣味有反應，除了鞋子，其他像是木天蓼、貓草、牙粉等，通常牠們也會有反應喔！有時候，故意拿這些東西逗弄貓咪，欣賞牠們咧嘴「微笑」的裂唇嗅反應，也是一種樂趣。

貓咪聞到什麼臭味，竟然露出這種怪表情僵在原地！

嗅嗅

真的有那麼臭嗎？

不是啦！這是「裂唇嗅反應」，表示犁鼻器正在分析、確認費洛蒙，才會出現這個表情，喵～

犁鼻器　大腦　鼻腔

Q6　為什麼流浪貓會常常聚在一起呢？

A 清晨、傍晚或深夜時，待在戶外的貓咪總會聚集在某個地方，舉辦「貓咪聚會」。有人認為牠們只是在共享地盤，避免落單者闖禍。留心觀察，你會發現這些貓咪雖然「聚」在一起，彼此多半還是保持一定的距離，各自理毛或打瞌睡，很少互相觸碰。

互動策略 在戶外看到貓咪聚會時，只要在旁邊靜靜觀察就好，千萬別湊過去打擾貓咪。

Q7　為什麼貓咪老是喜歡磨蹭我，甚至還會用頭撞我的身體？

A 貓咪會用頭、身體、尾巴磨蹭人的手、腳，或是直接頭撞過來，這些都是為了留下氣味。牠們喜歡地盤內的人類身上都有自己的氣味，這樣牠們會較安心。只要磨蹭完畢，好像就是宣示「這傢伙是我的喔！」。對飼主來說，這樣的行為代表貓咪很信任你。

互動策略 看到貓咪主動湊過來，就讓牠磨蹭一下，然後摸摸牠說：「好乖好乖」如果牠的眼神裡充滿著玩耍的期待，記得陪牠們大玩一場吧！

We love Cats! ❷
解讀貓咪「呼嚕呼嚕」的聲音祕密

貓咪的呼嚕聲究竟是什麼意思呢？其實它代表很多不同的情緒喔！

🐾 表示「心情好」

通常是覺得「好舒服、大滿足！」時的好心情。像是貓咪被摸摸安撫或是想撒嬌時。因為呼嚕聲是幼貓在哺乳期對母貓表示「我很好」的信號。很多時候，呼嚕聲會跟前腳交互踩踏的動作同時出現。

🐾 表示「不情願」

貓咪身體不舒服或是感受到壓力時，也會發出呼嚕聲。這樣可以幫助牠們鎮定自己的情緒。有人好奇貓咪呼嚕聲的發聲構造，這方面目前還不太清楚，只知道是聲帶四周肌肉振動發出的低頻聲音。飼主不用擔心猜不透貓咪發出的呼嚕聲，是代表心情很好還是不好？只要依據外在環境就很容易判斷了。

62

chapter 3

嗯！今天要吃
什麼好料呢？

營養和胃口兼顧的每日均衡飲食

貓咪這樣吃最健康！
「營養均衡」是關鍵

飲食是健康管理的基礎。
提供優質的貓食，
才能讓貓咪頭好壯壯喔！

三餐不可少的營養素
肉食性貓咪需要的均衡營養有哪些？

貓是肉食性動物，人是雜食性，兩者的飲食習慣大不同！貓科動物必須從獵物的肉攝取動物性蛋白質和脂肪、從內臟攝取維生素和礦物質、從骨頭攝取鈣質。

貓咪的飲食原則是高蛋白、低碳水化合物。牠們需要的蛋白質大約是人類的2倍，蛋白質內含有的多種必須胺基酸是重要營養來源。另外，牠們對牛磺酸需求量是人類的5～6倍，如果攝取不足會影響到視覺和心臟功能。

注意！如果攝取過多蛋白質，也會變成脂肪堆積，導致健康出問題。

貓咪需要自己的「專屬食物」

貓咪的飲食必須搭配均衡的營養素，建議飼主從市售貓食中，為愛貓選擇適合年齡的產品。千萬不要用其他食物如狗食代替，因為貓和狗需要的營養素不一樣。

＊優質貓食的基本營養素

蛋白質	包含維持機能所必須的牛磺酸等胺基酸，是為身體打底的基礎營養，在成長期尤其重要。
脂質	身體活動的能量來源，能幫助脂溶性維生素吸收，同時提高免疫力。
礦物質	鈣和磷是骨頭和牙齒的養成關鍵，理想的鈣磷攝取比例是1：0.8。
維生素	維生素A幫助視網膜維持正常，維生素B1可調整身體機能，兩者都非常重要。

＊不同貓齡的熱量攝取標準

＊未滿2個半月的幼貓	250kcal／每公斤體重
＊出生2個半月～5個月的幼貓	130kcal／每公斤體重
＊出生6～8個月的幼貓	100kcal／每公斤體重
＊成貓（好動的貓）	80kcal／每公斤體重
＊成貓（活動量少的貓）	70kcal／每公斤體重
＊懷孕中或生產後的母貓	100kcal／每公斤體重
＊老貓（10歲以上）	60kcal／每公斤體重

以「綜合營養餐」為主食

以營養均衡的「綜合營養餐」做為主食，也可以配合貓咪的喜好或方便性，餵食貓罐頭和貓飼料。至於非綜合營養餐的食物，稱為「一般餐」，只能當作副食品，不能靠一般餐維持貓咪的均衡營養。

乾食	溼食
水分含量在10％以下的乾飼料類型。保存性高，不過開封後一個月內要吃完。搭配水一起餵食。	水分含量約75％的罐頭類型。建議在食慾不振時餵食。貓咪亦可從食物中攝取水分。

Check！為貓咪準備的愛心餐點

□是否在食用期限內？

□有沒有標示「綜合營養」？

□適合貓咪的年齡嗎？

□可在一個月內吃完嗎？

記得看清楚喲，喵！

隨著貓咪的成長變化，給予充足的營養

不同成長階段需要的營養和熱量不同，必須配合年齡更換食物。從母貓的母乳或是貓咪專用奶粉逐漸換成離乳食或小貓、成貓、老貓專用食品。挑選正確食物，給予適當的分量，才能預防肥胖和疾病。

貓咪的分齡飲食

出生4週之前

只喝母貓的母乳或貓咪專用奶粉。有些貓咪甚至出生6週都只喝奶。

出生5週～2個月

一開始貓奶和副食品合併使用，再慢慢只給離乳食。離乳食品可選擇專用罐頭或幼貓專用食物。

要弄軟喔，喵

2～8個月

成長期要給予高熱量的幼貓專用食品，幫助牠們打造強健的身體。

8個月～7歲

約一歲時改餵成貓的專屬食品。分量記得參考包裝標示，小心吃太多過胖。

7～8歲以上

改餵低熱量的老貓專用食品。加強維生素攝取，防止老化。

貓咪一天要吃幾餐呢？

貓咪用餐的次數會隨著年齡不同。幼貓是一天三～四次，成貓是一～二次。牠們的胃口並不大，屬於少量多餐進食的動物。如果一次給一天的分量，有些貓可能只在想吃的時候才會去吃，貪嘴的則會一次全部吃光光，兩種情況都不好，建議飼主一天餵食兩次。

如果用餐時間能固定更好，貓咪也會比較安心。一天兩次時，可分成早上和晚上餵食；三次的話，可分為早上、傍晚、晚上餵食。

＊不同貓齡的餵食次數建議

3個月前	⇨	3～4次
出生4個月～1歲	⇨	2～3次
1～7歲	⇨	1～2次
7歲以上	⇨	2～3次

不同品牌的貓食熱量不同，記得看清外包裝的標示，再根據自家貓咪的體重，確認每天該餵食的總量（參考P.64的熱量攝取表格）。特別是成貓，過了一歲之後，做好體重管理才能確保健康。

◀請用料理秤精確測量每餐的分量。

🐾 設置多處的飲用水供應

貓咪生長在乾燥地區，原本不太需要喝水。但是隨著年齡增長，容易出現腎臟或泌尿系統等疾病。為了預防和治療，必須讓貓咪大量喝水。尤其是以乾食為主的貓咪，請隨時提供牠們新鮮的飲用水。

除了貓碗旁邊，建議還可以在家裡各處擺放飲水。有些貓咪會去喝洗臉台、浴缸等地方的水，如果水質乾淨，其實沒有問題，飼主不用過度擔心。

◀我需要多喝水！最好到處都有解渴的地方！

＊哪一款的餐具尚好用？

貓碗必須有點重量，才能避免打翻。加上貓咪會用舌頭舔食物，碗不能太深、碗底寬、碗緣有些高度，又不會碰到鬍鬚的容器最佳。

▲看我吃得乾乾淨淨，是不是很有成就感？

從小開始訓練，
養成優質飲食的好習慣

幼貓出生半年左右，就會開始對食物產生好惡。如果一直只餵貓食，通常貓咪就不會對人類的食物感興趣。

相反地，從幼貓時期就讓牠們吃魚或肉，牠們會記住這些食物的味道，最後變成追求美食、體重失控的貓咪喔！為了喵喵的健康，還是以貓咪專用的綜合營養餐為主食，其他食物適量餵食。

🐾 找出貓咪愛吃的開胃食物

貓咪主要仰賴嗅覺挑選食物，而且好惡分明。有些貓咪很固執，碰到自己不喜歡的食物，說什麼都不開口呢！如果貓咪生病或食慾不振時，不妨試著把柴魚片、起司等撒在貓食上，可以補充營養兼開胃，接受度很高喔！

＊貓食的保存期限與保存

購買貓食時，務必選擇製造日期最新的商品。乾食的保存期雖然長，但開封後仍須密封保存在陰涼處，盡量在一個月之內吃完。

因為未開封的乾食，長期保存也可能出現氧化或劣化的問題，建議別一次買太多堆放。至於罐頭、真空包裝等濕料貓食不易保存，開封後請當天吃完。

毛主人請注意！
貓咪絕不能吃的
禁忌食物

高鹽、高油食品對貓咪是禁品，
還有哪些東西對貓咪來說是危險食物呢？

嚴防高鹽、高油、高糖食物
做好把關工作，
絕對不能心軟餵食

很多人在吃飯時，看見貓咪靠過來請求，就「好心」隨手把食物分給牠們，其實這樣做反而是害了牠們。

人類的食物裡含有過多鹽分、油脂、糖分，例如魚漿類食品、火腿、香腸等加工品，貓咪雖然也愛吃，但這類食物鹽分含量過高，往往會造成心臟、腎臟負擔，導致貓咪生病。更不用說，人類食物的熱量也很高，非常不適合給貓咪吃。

🐾 導致中毒或生病的高危險食物

除了高鹽高糖的食品必須嚴格禁止，其他像是蔥類、咖啡因等辛香料或酒精等刺激物，貓咪吃了也會有危險。請參考右頁的危險食物禁忌表，千萬別冒險餵食貓咪，也盡量不要讓貓咪在廚房隨地撿食或翻食垃圾桶內的食物。

竹莢魚、青花魚、沙丁魚、秋刀魚、鰹魚、鮪魚等藍皮魚類，富含多元不飽和脂肪酸。雖然是有益身體的營養素，但如果偏食或過量，每天只吃藍皮魚的話，也可能會因為缺乏維生素E而生病。一般市售的藍皮魚罐頭都會另外添加維生素E，但是為了謹慎起見，餵食前務必仔細確認原料和成分。

◀ 愛我，就不要把人類的食物給我吃喔！

謝絕危險食物喔！喵～

洋蔥、長蔥、大蒜、韭菜

含有破壞貓咪紅血球的成分，可能引起貧血、血尿。除了腹瀉、嘔吐、血尿等，甚至導致死亡。

巧克力、可可亞

可可脂含有可可鹼，會影響中樞神經、心臟、腎臟，易引發中毒。貓咪會出現嘔吐、痙攣、腹瀉等症狀，嚴重時甚至會致命。

咖啡、紅茶、綠茶

飲料中的咖啡因會引起中毒，讓貓咪面臨嘔吐、腹瀉、痙攣等危險，不只喝飲料危險，就連吃茶葉也不行。

蝦子、螃蟹、花枝、生魚等

除了不易消化，生海鮮含有專門分解維生素B1的酵素硫胺素，容易引起維生素B1缺乏症。加熱後少量餵食。

鮑魚、海螺等貝類

貝類裡面的海藻葉綠素進入貓咪體內血液，可能造成耳朵等部位的薄皮膚曬到陽光就紅腫，甚至引發皮膚炎。

生肉

餵食肉類前一定要加熱，因為生肉不但不易消化，還會妨礙鈣質作用。生食可能會有寄生蟲，威脅貓咪健康。

雞肉和魚骨

帶骨的雞肉和魚肉容易刺傷喉嚨、腸胃。別以為雞肉的骨頭比較大，還是要小心避免刮傷貓咪體內的器官。

牛奶

一定要餵食貓咪專用奶，其他奶類飲品容易引起腹瀉。

有些植物貓咪吃了會造成嘔吐、腹瀉、心律不整等，最好擺在貓咪不會誤食的地方，避免危險。

蘆薈	茉莉	朱槿
桔梗	鈴蘭	風信子
橡樹	三色堇	百合

原來如此！

※此處介紹的是代表性植物，不包括所有對貓咪有害的植物。

親手做健康喵食，
抓住愛貓的心！

偶爾下廚為愛貓製作綜合營養餐，
均衡飲食更放心。

加熱烹煮不可少！
調味嚴禁高鹽、高糖

「想親手做飯給貓咪吃！」讓寶貝吃一頓飼主親自準備，不同於平常的大餐。第一步就是挑選食材，避開貓咪不能吃的食物。注意肉類、魚類、蔬菜全部都要事先加熱再調理。紅肉魚、藍皮魚等吃太多對身體不好，記得要適量攝取。

最重要的一點，貓咪的食物嚴禁調味，千萬不能使用高鹽、高糖的加工品。如果有鹽分的鮭魚、滷小魚乾等食物，需要過水汆燙去鹽後再使用。

＊為貓食加分的營養好料

用這些材料幫貓咪加菜，美味馬上升級！

咕咕咕…

雞胸肉絲

柴魚片

我的最愛！喵～

無鹽起司

白肉魚的魚片

＊貓舌頭真的「怕燙」嗎？

我們常用「貓舌頭」形容人無法吃太燙的食物，事實上不只是貓咪，所有動物吃東西都怕燙。一般來說，食物溫度最多只能略高於動物的體溫，也就是33～40度左右，太燙是無法進食的。

貓咪之所以特別怕燙，主要是因為牠們粗糙的舌頭，對溫度的反應更敏感。飼主餵食時，記得溫度盡量控制在40度以內。

上菜前記得要
先降溫喔～喵

今天的晚餐是
什麼？喵～

健康喵食的DIY食材

魚類

鱈魚、蝶魚、比目魚、鮪魚、竹莢魚、魚乾（無鹽）、柴魚片

肉類、蛋

牛肉、牛肝、豬肉、豬肝、雞胸肉、雞柳條、雞肝、羊肉、蛋（蛋黃）

蔬菜

紅蘿蔔、南瓜、地瓜、白蘿蔔、蕪菁、小松菜、青花菜、高麗菜、小黃瓜

乳製品

起司（鄉村、帕馬森）、原味優格、貓奶

穀類等

白飯、烏龍麵、義大利直麵、豆類、植物油、魚油

健康菜單❶ 鮭魚 & 鮑仔魚稀飯

❷ 生鮭魚片 1/2塊
煎過或用微波爐加熱
剝碎

❸ 鮑仔魚 1大匙
用熱水浸泡去鹽

❶ 白飯 2大匙

❹ 將材料1、2、3放入鍋中，加水蓋過食材，加熱3分鐘

好餓喔！

1小匙就完成囉！撒上柴魚片！

記得先放涼，再撒柴魚片喔！

健康菜單❷ 雞肝 & 雞柳條稀飯

❶ 水煮蛋
把蛋黃切碎

❷ 雞肝20g 雞柳條1條
水煮後全部切丁

❸ 白飯 2大匙
拌入步驟2的雞肝、雞柳條切丁

開動囉！喵～

撒上碎蛋黃即完成

收服貪吃貓的法寶！
健康零食聰明吃

選擇「貓咪專用」的零食，
同時以少量為原則，
就能避免熱量破表喔！

管教和溝通時可以派上用場

　　貓咪只要有貓食就能攝取到足夠的營養和熱量，因此基本上不需要給零食。但零食偶爾可以當作玩耍或溝通時的法寶，前提是不能過量餵食，少量即可。

　　市售的貓咪專用零食，多半使用貓咪喜歡的雞胸肉、雞肝、魚、起司等材料。此外，無鹽小魚乾、柴魚片、無味海苔等也很適合當作貓咪零食。

零食嗎？
我還要！

五花八門的零食

小魚乾
可以整個吃下去的滷小魚乾，很適合當零食，但記得要選擇無鹽的。

各式魚點心
各式各樣的魚肉加工品，必須選擇貓咪專用的，因為人吃的零食太鹹，不可以拿來餵食貓咪。

肉乾
雞肉、雞肝、魚肉等製成的加工食品。

雞胸肉
市售的雞胸肉加工製成的食品。或是在家水煮雞胸肉、剝成雞絲也可以當零食。

鰹魚點心
由鰹魚等加工製成的貓咪專用零食。

柴魚片
寵物專用的柴魚片。

一般貓食
非綜合營養餐的普通貓罐頭或是真空包裝的貓食，也可讓貓咪解饞。

**有些貓咪愛戀它的氣味，
但也有貓咪不喜歡**

　　木天蓼是木天蓼科的植物，也用於製作藥酒等。據說木天蓼裡的物質會刺激貓咪的神經，讓牠們滾來滾去或流口水，就像喝醉一樣。所以只要給貓咪嗅嗅木天蓼的氣味，牠們就會興奮的舔咬。想討貓咪歡心或是訓練牠們使用貓板時，不妨善用市售的貓咪專用木天蓼，效果很不錯喔！

　　不過，並非所有貓咪都對木天蓼為之瘋狂，有些幼貓或是早期結紮的貓咪就不適用這招，因為牠們對木天蓼沒有太大反應。

木天蓼不是零食，不用擔心貓咪會上癮。

＊貓碗擺放的最佳位置？

　　貓咪原本就是警戒心強的動物，餵食時，建議放貓食或零食的貓碗，最好擺在房間角落或陰暗處等不容易受人打擾的地方，讓牠們能夠安心吃飯。而且盡量固定放在同一個地方。

深受貓咪喜愛的人氣零食

給牠們吃柴魚片好了

招牌零食

海膽的鼻子很靈敏

嗅　嗅

即使靜悄悄的沒有聲音，
不管距離多遠，
牠還是會馬上過來

我聞到了！喵～

這是我最愛的零食！

牠超愛柴魚片，
愛得不得了！

在貓抓板撒上木天蓼粉

嚼　嚼

一撒上去，
成貓們就不斷用臉磨蹭

軟綿綿

幼貓則沒有反應

有些貓會不停扭動，就像喝醉酒一樣開心。木天蓼的魅力真是神奇啊！

揮別胖貓封號！
喵喵減重大作戰！

過胖是引起貓咪各類疾病的主因！
從今天起，避免餵食過多的食物和點心喔！

超過標準體型就要拉警報，避免危害健康

圓滾滾的貓咪雖然看起來很可愛，但小心過胖會帶來危害健康的風險，除了容易罹患貓咪常見的糖尿病之外，跟人一樣，貓咪的內臟脂肪、血脂過高，也可能引起心臟和肝臟的疾病，甚至導致免疫力下降等。

如何判斷體重是否標準？成貓達到標準的體型後，如果體重持續增加，就表示吃太多了。隨著年紀愈大，肥胖會讓老貓的腰部、腳部關節負擔過重，後遺症不少。

▶ 怕胖？就要忌口不能貪吃喔！

🐾 肥胖的原因

導致肥胖的主因是熱量攝取過多，減重之前，請重新審視是否給貓咪太多食物或點心。另外飼養在室內的貓咪，容易運動量不足，特別是在結紮後更容易變胖。建議飼主在飲食和運動各方面多留心，才能控制貓咪體重。

「胖胖喵」的自我檢測法

標準體型	雙手伸入腋下可輕易摸到肋骨。	脖子到腰部的身體曲線平順，無起伏。
過胖體型	雙手伸入腋下摸不到肋骨。	肚子比腰突出。臉和身體之間沒有腰線。

逐步達到減重目標，健康貓兒不生病！

過重的貓咪必須施行減重計畫。第一關是測量體重，建議飼主和獸醫商量，再決定減重目標。因為急速減重很危險，最好是逐步達成目標，在幾個月的時間內慢慢減下來。

如果之前習慣吃太多貓食或點心的，就要依據現況重新安排，每餐確實量好分量再餵食。例如攝取的熱量標準是每公斤80kcal，不過運動量少的貓咪可改為每公斤70kcal（參考P.64不同貓齡的熱量攝取標準）。

＊貓咪成功減重的關鍵

1 目標是每週減少體重的1～2%
嚴禁急速減重，寧可花上幾個月時間達成目標。

肥滋滋…

2 少量多餐
每天用餐次數分成四次以上，即使每次分量不多，貓咪也能接受。

3 換成低卡食物
貓咪只要食物分量夠就能滿足，餵食低卡食物也可以。

4 不要餵零食
只提供主食，方便管理熱量。

5 增加運動量
裝設貓樹或重新排列家具位置，讓牠們能上下活動。

好清爽啊！

6 飼主經常陪牠們玩耍
每天陪牠們玩，讓貓咪多動一動。

🐾 如何有效誘導貓咪運動？

想讓貓咪多運動，但是又不能像狗狗一樣，帶著貓咪出門散步。最好的方法就是在家裡安裝貓樹，讓牠們能夠上下運動。既可以滿足貓咪的嗜好，又能消耗熱量。另外，飼主抽空陪牠們玩耍也很重要。一般來說，貓咪的專注力可以維持5～10分鐘，建議每天的遊戲時間安排3次以上，每次不超過10分鐘。

上下運動

在貓樹的上層等高處擺貓食，可有效吸引貓咪運動。

用玩具運動

善用貓咪喜歡的玩具，吸引牠們多跳躍、活動。

種貓草自己來，
輕鬆解決毛球問題！

貓咪吃草催吐，是為了吐出理毛時吃進身體的毛球。利用貓草及專用食物，管理貓咪的健康吧！

葉子的尖端
能刺激胃部催吐

貓咪是肉食性動物，不過偶而也會吃草，就連園藝店都有賣「貓草」等植物，專門供應貓咪食用。這些植物的效用，主要是讓貓咪吃下末端尖尖的葉子，藉此刺激胃部，吐出肚子裡累積的毛球，減輕體內的灼熱不適。

有些貓會吃草，有些不吃，飼主不妨先試著在室內放置貓草，如果貓咪偶爾會主動去吃的話，就可以長期擺放。除了園藝店可以買到貓草盆栽，寵物店也有販售貓草種子，方便飼主買回來自己栽種。

🐾 解決毛球引起的腸胃問題

貓咪在理毛時，經常會吃下脫落的毛，導致貓毛累積在肚子裡。多數的貓毛會隨著糞便一起排出體外，不過仍有不少會留在胃裡，累積到一定程度的分量，牠們自然會吐出體外。但還是要注意「毛球症」的發生，也就是毛球堵塞腸子的疾病，透過貓草或其他方式，平日多留心注意，才能做好貓咪的健康管理。

這是啥米？
草！

出來了！
好輕鬆啊！

刺刺
刺刺
刺刺

別讓毛球
累積在肚子裡面，喵！

對策 ①
經常刷毛，避免貓咪吃下脫落的毛。

趁貓咪吃掉之前，趕緊清掉！

對策 ②
市面有清除毛球的專用貓食和健康補給品，也可洽詢獸醫院。

護理毛球　清除毛球專用
Cat Food

對策 ③
家裡擺貓草讓貓咪可自由取用。

隨時都能享用

吃草囉！

想吃的時候

＊自己種貓草真簡單！

❶花盆裡撒上種子，澆水。
❷幾天後自然發芽。
❸等草長出來，就可擺在貓咪方便食用的位置了。

出招對付毛球

這個像貓大便的東西是？

這是啥？大便！？

每次在地上看到這個都嚇一跳……！

仔細一看，是毛球……

噁！

噁！

春天容易掉毛，多毛的貓咪經常會吐出食道形狀的毛球

決定種貓草來對付毛球

但是有些貓吃，有些貓不吃

我超愛

沒興趣！　我不要！

只好增加刷毛次數，減少吃進去的毛量

再加上改餵消除毛球的貓食……

果然吐毛的次數也減少了！喵～

護理毛球　清除毛球專用

每天清掃貓砂盆，
為喵喵打造舒適窩！

貓砂盆的形狀和貓砂種類應有盡有。
可依據預算和貓咪個性，
以及使用的方便進行挑選。

使用貓砂盆
愈早開始訓練愈好！

　　貓咪比狗狗更容易記住廁所的位置。多數時候，只要在貓砂盆裡裝入貓砂、擺在房內，貓咪很快就懂得使用。

　　少數貓咪對於貓砂盆會有特別的堅持。像是貓砂盆的外型、放置位置和貓砂種類等等。這種情況下，就得仔細考慮，選擇方便貓咪使用的產品。

挑選貓砂盆的考量

　　貓砂盆大約分為三個類型。適用任何貓咪的「箱子型」最為普遍；「屋頂型」推薦給喜歡安靜環境的貓咪。同時也可以減少貓砂飛濺到外面；至於底下有濾網的雙層式貓砂盆，讓小便落到下層，方便清理。以上這些都是挑選貓砂盆時的考慮重點。

貓砂盆的主要種類

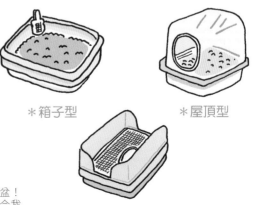

*箱子型　　　　　*屋頂型

*濾網型

每天都要報到的貓砂盆！
形狀和種類當然要配合我
的喜好嘛！

挑選貓砂的撇步

貓砂分為凝結型及非凝結型兩種。依據材質不同，除臭的效果也不相同，建議試用後再正式選購。因為貓砂一旦確定，之後更換的機率很低。萬一想要更換種類時，初期最好混入少量原本的貓砂，一邊觀察貓咪的反應再加量更新，避免引起貓咪的不安和不適感。

貓 砂 的 種 類

＊木材類
原料是針葉林等，除臭效果好，有凝結型和非凝結型兩種。多半可當成可燃性垃圾處理。缺點是顆粒容易瓦解、四處飛濺。

＊紙類
除臭效果好，多半是凝結型。質地輕巧，也容易飛濺，需要花時間清潔。售價較低，而且大多可丟進馬桶沖掉或是當作可燃性垃圾處理。

＊豆渣類
主要原料是豆渣，除臭效果好，多半是凝結型。可當作可燃性垃圾處理，有些也可直接丟進馬桶沖掉。缺點是有些貓咪喜歡吃，如果有類似情況，建議停止使用。

＊矽膠類
可以吸入小便的水分，讓糞便脫水乾燥。不會凝結，多半必須當成不可燃垃圾處理。容易飛濺，加上必須勤更換，否則除臭效果會減低。

＊礦物類
原料是膨潤土和沸石等，除臭力強，分為凝結型和非凝結型。多半必須當成不可燃垃圾處理。缺點是搬運時很費力。

選擇貓砂必須考慮貓咪的喜好、清理方便性，以及價格等。

Check！貓砂盆的尺寸和數量需求

□ 可容納貓咪整個身體，而且還能在裡面轉身
□ 貓咪方便進出的高度
□ 建議每隻貓都擁有一個專屬貓砂盆

從幼貓期開始耐心教導！

貓咪報到的第一天就要教導牠們使用貓砂盆。貓咪出現躁動、繞圈反應時，表示牠想上廁所了。這時記得把貓咪帶進貓砂盆裡，然後靜靜地從旁觀察。順利排泄完畢的話，就稱讚牠。萬一牠們沒做好，也不要斥責。

🐾 貓砂盆的最佳放置地點？

貓砂盆擺放位置很重要，因為一個能讓牠們安心上廁所的環境，是貓咪能否使用貓砂盆的關鍵。貓砂盆的位置一旦決定，就盡量別隨意更動，這樣才能增加喵喵的安全感。

Check！適合擺放貓砂盆的位置

☐ 安靜的場所
☐ 遠離食物的地方
☐ 距離睡覺的地方不要太遠

教 導 貓 咪 使 用 貓 砂 盆 的 步 驟

繞圈躁動

❶出現躁動反應時，將貓咪放進貓砂盆裡

❷安靜在一旁看著，避免打擾貓咪

做得好！

❸順利排泄完畢後，要稱讚牠

❹看到排泄物要立刻清理

找出貓咪
胡亂大小便的原因！

即使貓咪沒有成功排泄在貓砂盆裡，也別責罵牠們。這時只要安靜清理，避免留下氣味就好。另外要注意，有時候貓咪胡亂大小便也可能是一種警訊。

＊如何讓貓咪乖乖上廁所？

1 貓砂盆太髒
→常保清潔！

好髒啊！噁～

2 不喜歡貓砂盆的形狀或貓砂
→試著更換不同類型

不喜歡這個廁所，喵～

3 罹患某些疾病的病徵
→快前往動物醫院

＊為什麼貓咪會「噴尿」？

貓咪長大後，會出現站著往後噴出尿液的「噴尿」動作。這類舉動多半出現在尚未結紮的公貓身上，有時頗讓飼主困擾，但「噴尿」無法靠管教阻止，最有效的預防做法就是結紮（參考P.122）。

😺 清理貓砂盆的小撇步

貓咪喜歡乾淨！如果貓砂盆太髒的話，牠們就會排泄在貓砂盆外，或是忍住不上廁所，因此要隨時保持貓砂盆清潔。

通常只有一隻貓的話，貓砂盆每天清理1～2次即可。將糞便或凝結的髒貓砂清除之後，再補上乾淨的貓砂就行了。至於貓砂盆的整體清洗建議每月1～2次。

😺 觀察排泄物評估健康狀況

清潔的同時，別忘了還要觀察貓咪大小便的次數、分量和顏色、硬度，如果上廁所很頻繁，或一直擺出排泄姿勢，結果卻沒有排泄，甚至排泄過程鳴叫等，都可能是生病的警訊，必須盡快帶往獸醫院檢查諮詢。

只要經常清理，在排泄後立刻清掃的話，幾乎不會留下味道。如果還是介意味道的話，建議把貓砂盆擺在通風良好的場所。或是打開窗戶，也是不錯的方法。

記得常整理
貓砂盆喔！
喵～

元氣飽滿抓抓抓！
挑選貓抓板有訣竅？

磨爪子的舉動包括許多意義，
愛牠，就為牠準備一個可以痛快磨爪子，
又不至於破壞房間的環境吧！

除了磨短指甲！
還為了留下氣味和紓解壓力

　　貓咪磨爪子的模樣看來得意洋洋又愉快。
但牠們可不是因為耍帥才每天勤快的磨爪子
喔！天生就是狩獵者的貓咪，靠磨爪子的動作
脫去舊指甲，讓新生指甲能一直維持銳利。

　　磨爪子也包含作記號的意思，因為爪子四
周有分泌氣味的器官，磨爪子的同時也能留下
氣味。

　　不只這樣，磨爪
子還可以紓解壓力。
所以打造一個讓貓咪
能盡情磨爪子的環
境，對牠們的身心健
康很重要喔！

▲磨爪子是貓咪日常工作的
大事喔！

＊為什麼貓咪喜歡磨爪子？

理由❶ 　　提高狩獵成功機率

爪子常保銳利才能
抓到獵物。

理由❷ 　　主張地盤

磨爪子留下記號，
同時也留下氣味。

理由❸ 　　紓解壓力

用力磨爪子可以紓
壓，讓心情舒暢！

抓

抓

掉落在貓抓
板四周的舊
指甲

定期幫喵喵剪指甲 同時準備專用貓抓板

磨爪子有多重功能，同時也是貓咪的天生本能，實在很難用人為的方式阻止牠們。但是如果不準備貓抓板，任由貓咪到處磨爪子，家裡就會變得破破爛爛。

為了避免家具遭到破壞，建議飼主最好放置貓抓板，讓牠們可以盡情在上頭磨爪子。另外，定期剪指甲（參考P.145）也可以將爪子的破壞力降低。

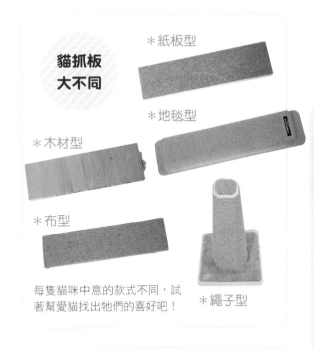

貓抓板 大不同

＊紙板型

＊地毯型

＊木材型

＊布型

＊繩子型

每隻貓咪中意的款式不同，試著幫愛貓找出牠們的喜好吧！

只要貓咪喜歡，擺在地上或直立都可以。

抓抓抓

牆壁派

抓抓抓

地墊派

＊**幫家具加上防護措施**

不希望被貓爪破壞的地方或家具，請事先加上防護措施。

如何誘引貓咪使用貓抓板？

咦！這裡有

咦？這裡也有，喵～

湊過來～

嗅嗅嗅…

有好東西，喵……

木天蓼

窩在這裡很安心,喵!
貓床要放在哪裡呢?

為貪睡的喵喵,
體貼打造舒服安心的窩。

挑選讓喵喵安心的貓床
最愛狹窄空間!

貓咪原本就喜歡選擇在樹洞、岩縫、樹蔭、樹上等地方休息。牠們喜愛待在狹窄或視野良好的高處,主要是因為這些地方很安全。如果可以在牠喜歡的角落,設置一張舒服的床,可以讓牠住得更安心。

🐾 貓咪喜歡哪種場所?

貓咪是大家公認懂得享受的動物,因為牠們總是能一下子就找到冬暖夏涼的舒服地點,然後在那兒滾來滾去。一般認為,讓貓咪感覺最舒服的溫度大約是22度。

所以貓床放置的位置很重要。將選購回來的貓床試著擺在房間裡各個地方,最後再挑一個貓咪能安心久待的地點固定放置。原則是不會有人經過、很安全、溫度又剛好的地方。當然!你也可以在家裡放置好幾個貓床,讓牠自由來去。

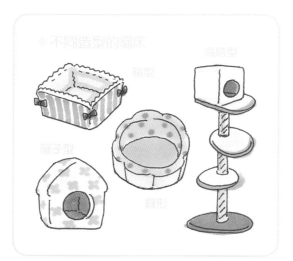

＊不同造型的貓床

高塔型

箱型

屋子型

圓形

▲我們愛窩在箱子裡面或狹窄的地方!

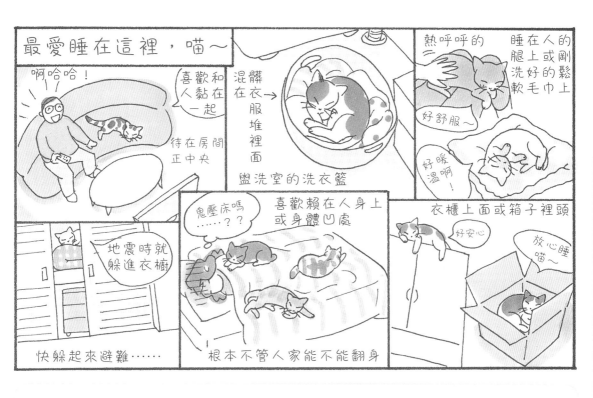

最愛睡在這裡，喵～

啊哈哈！

喜歡和人黏在一起

待在房間正中央

混髒在衣服堆裡面

盥洗室的洗衣籃

熱呼呼的

睡在人的腿上或剛洗好的鬆軟毛巾上

好舒服～

好暖溫啊！

地震時就躲進衣櫥

快躲起來避難……

鬼壓床嗎……？？

喜歡賴在人身上或身體凹處

根本不管人家能不能翻身

衣櫃上面或箱子裡頭

好安心

放心睡喵～

被緊緊包圍的安全感♪

好安心啊！
喵～

家有搗蛋貓！
讓貓兒乖乖的小撇步

很多飼主會因為貓咪不聽話，
或是做出困擾行為而傷腦筋。
其實讓貓咪乖乖是有祕訣的喔！

絕對禁止體罰

打造讓貓咪無法搗蛋
的環境才是上上策

貓咪天生是單獨行動的動物。不像狗狗是群體行動的動物，上下關係很清楚，容易管教，因為地位低者會自然服從地位高者，這是狗狗的天性，但是貓咪是很隨心所欲的。即使主人大發脾氣，貓咪也不懂自己做錯了什麼，所以體罰絕對禁止，只會破壞貓咪與飼主之間的互信關係。

如果不希望貓咪做出某些令人困擾的行為，最好的方法是打造一個讓牠們無法或不想做出那些行為的環境。別忘了當牠們很乖時，記得稱讚牠們，這點很重要喔！

◀想管教我是不可能的任務！

造成反效果的負面管教！

這樣做是
NG的喲！

嚇！喵～

壞壞不乖！

◀大聲斥責
只會嚇到貓咪，
無法阻止牠們

啪！

打貓▶
只會讓貓咪害怕飼主

好⋯⋯好可怕⋯⋯

喵哇！！

放我出去！

◀裝進籠子裡
讓貓咪留下壞印象，從此討厭籠子或外出包

這裡是牢房！嗚～

貓咪使壞時，該怎麼辦呢？

打造不能使壞的環境

讓貓咪無法繼續惡作劇才是高招

別讓貓咪
進廚房

加上防護措
施，不讓貓
咪磨爪子

垃圾桶加蓋
防止搗亂

天譴法

體驗「這樣做會發生討厭的後果」，下次牠就不敢了！

貼上膠帶

讓東西掉落，
發出大聲響

對貓咪
噴水或醋

故意不回應貓咪的要求

忽略貓咪的叫聲或是凝視

早上貓咪來叫醒你
時，故意不起來

要求食物時，
暫時不給

成功的關鍵

家人的態度要統一

如果家裡每個人的態度不
一樣，貓咪會感到困惑，
當然也達不到效果。

巧妙地轉移注意力

當貓咪想要搞破壞時，
趕緊拿玩具和牠玩，轉
移注意力。

主人都這樣做了，我也沒辦
法搞怪啦！

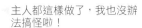

四季都有好心情！
配合節氣調整環境和
照顧方式

> 很多貓咪一到夏天就容易中暑，
> 因此居家避暑很重要喔！

春夏秋冬常保舒適！
祕訣在溫度和濕度控制

　　冬暖夏涼的環境，關係到貓咪的健康管理。配合氣溫、濕度，營造一個讓貓咪過得舒適的環境吧！

　　尤其是盛夏裡，許多貓咪會中暑甚至喪命。特別是待在不通風的室內，溫度過高恐怕有危險。如果讓貓咪自己看家時，最好記得打開冷氣或電風扇保持室內涼爽。

▲夏天躺在涼墊上面，真的挺涼快的！

Check！四季的照料重點

梅雨～夏天

□高溫多溼的環境容易繁殖跳蚤、蝨子，因此要經常打掃，保持清潔。

□盛夏要開冷氣或電風扇保持適當溫度。

□替貓咪準備涼爽的空間。

□每天刷毛，刷除脫落的毛。

冬天

□貓床鋪上毯子讓貓咪保持溫暖。

□除了暖氣和寵物專用電毯之外，也可利用其他保溫道具。

□偶爾太熱的時候，讓貓咪能夠移動到涼爽的地方。

春天・秋天

□春天是換夏毛、秋天是換冬毛的換毛期。因為常掉毛，記得要每天刷毛。

□春天和秋天通常會食慾大開，必須控制食量，避免吃太多，維持適當體重。

一看就知道！夏貓、冬貓的姿勢大不同

露出肚子

伸成長長一條……

偶不喜歡太熱
也不喜歡太冷
喵～

嗚喵～

縮成小小一團

好溫暖～喵～

平常感情很差，這會兒卻擠在一起……

好溫暖啊！

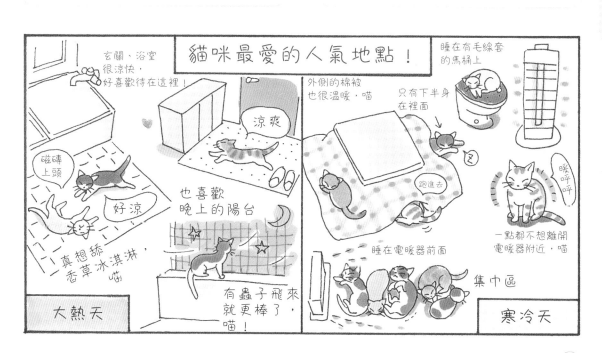

貓咪最愛的人氣地點！

玄關、浴室很涼快，好喜歡待在這裡！

涼爽

磁磚上頭

好涼

真想舔香草冰淇淋，喵

也喜歡晚上的陽台

有蟲子飛來就更棒了，喵！

大熱天

外側的棉被也很溫暖，喵

只有下半身在裡面

跑進去

睡在有毛線套的馬桶上

暖呼呼

一點都不想離開電暖器附近，喵

睡在電暖器前面

集中區

寒冷天

迎接喵喵晚年！
老貓照料和健康管理

一旦超過7～8歲，貓咪就開始老化了。
多幾分了解和用心，給予適合的飲食與
照料，陪伴牠們迎接晚年吧！

7～8歲起，
就晉升老貓一族了

　　即使貓咪看來還是老樣子，但身體會隨著
年齡而出現變化，活動量也會減少。一般來
說，貓咪的老化從7～8歲開始，10歲左右就已
經邁入老貓殿堂了。

　　老化的徵兆，包括貓咪的眼睛、耳朵、牙
齒等能力都會減弱，行動、反應也變得遲鈍。
另外，老貓也開始會疏於理毛、磨爪子等，比
起過去，牠們需要更多的照顧。所以進入老貓
期之後，飼主必須重新調整飲食、梳理、健康
管理等各方面的安排。

◀ 老囉！懶得動，也
動不了啦！

🐾 該餵老貓吃什麼呢？

　　隨著活動量減少，新陳代謝也會變差。觀
察一下貓咪7～8歲時的樣子，如果食量與過去
相同，結果體重持續增加的話，表示必須改餵
老貓專用、低卡、好消化的食物，因為老貓所
需的營養攝取只有成貓的八成就足夠了。

　　有時候突然換食物，貓咪可能會拒吃，建
議不妨在原本的食物中混入少許比例的老貓食
物，逐步增量替換，同時減少整體的分量。如
果貓咪的食量變小，餵食次數也盡量改成每天
3～4次，少量多餐。

　　貓咪年紀愈大，愈容易罹患腎臟、膀胱方
面的疾病，必須讓牠們多喝水。改餵老貓水分
較多的溼食或泡過水的
乾飼料是不錯的方法。
除了可增加水分攝取，
老貓牙齒不好，餵溼食
也比較好消化。

飯飯換了
耶！

▲ 換成老貓專用的綜合
營養貓食。

聽力減退，叫牠時反應遲鈍

視力衰退。容易罹患白內障、青光眼等

眼屎增多

鬍鬚或嘴邊的白毛增加

牙周病惡化，牙齒脫落或口臭變得強烈

不願意理毛，毛髮缺乏光澤

行動遲緩，睡覺時間增加

肌肉減少，跳躍力衰退

幫貓咪做好健康管理，減少病痛的不適

　　家貓的平均壽命為十幾年，也有貓咪可活到二十年以上。為了讓老貓也能夠健康生活，定期安排健康檢查很重要。特別是7～8歲之後感染、生病的機率增加，建議每年最好進行2次的健康檢查。

　　平常也要多留意，雖說視力和聽力衰退、眼屎、口臭等，都是老化造成的正常現象，但也可能是因為生病引起。發現症狀不對勁，應該盡早就醫。

我需要做定期的健康檢查喔！

＊高齡貓的常見疾病

腎衰竭	8歲起，罹患腎臟疾病的機會增加。除了水喝很多、頻尿之外，還會出現體重減輕、口腔潰爛等症狀。
糖尿病	發病初期會出現多喝多尿、吃很多卻變瘦等症狀。病情惡化甚至會導致死亡。
腫瘤	6歲起，體內產生腫瘤的機率增高。發現貓咪身上有腫塊或貓咪突然討厭被人抱時，都要加以注意。
巨結腸症	8歲起，消化能力退化，結腸容易被硬便堵住，想要排泄卻排不出來，連帶引起食慾不振、嘔吐等症狀。
白內障	眼睛變得白濁，視力衰退，經常會搖搖晃晃撞到東西。如果發現貓咪視力變差或是看不見，要馬上帶到醫院諮詢。
牙周病	出現牙齦紅腫，口臭強烈，牙齒脫落等，可以帶到醫院清除牙結石，只要全身麻醉即可順利進行。

不要任意改變生活環境，
讓牠們悠哉度過養老生活

一旦進入老年期，貓咪的睡眠時間會變得愈來愈長。加上老貓不耐寒冷，在床鋪可加上毯子，為牠們做好保暖工作，是飼主應該表現的體貼喔！

另一方面，由於視力和聽力逐漸衰退，老貓也會愈來愈難應付外在環境的變化，為了避免牠們不安和受傷，貓咪待的房間盡可能不要改變裝潢。但是，可以拉近貓床和貓砂盆的距離，讓行動不便的老貓更容易使用。

上了年紀，面對環境改變容易產生壓力。尤其是貓咪對於自己的小天地有堅持。為了減少牠們的身心壓力，飼主最好避免改變裝潢或是搬家。這時候，如果家裡迎來新的幼貓，對於原有的老貓也是一種負擔。因為幼貓可能會一直黏著老貓玩耍、吵鬧，打亂牠們的生活步調，對老貓來說，也是壓力的來源。

（ 老貓的日常照料重點 ）

貓床

在貓床或喜歡的地方鋪上布墊，即使貓咪變瘦了，躺起來也很舒服。

小幅度調整環境

如果牠們已經無法跳上喜歡的高處，不妨在中途準備一個踏腳處，讓老貓也能輕鬆登高。

刷毛

老貓不喜歡理毛，飼主最好每天替牠們刷毛。但要注意別太用力，輕輕刷就好。

去污

發現披毛有污垢時，可用溫溼的毛巾幫忙擦掉。

剪指甲

飼主要常幫牠們剪指甲，因為老貓不愛磨爪子，加上運動量減少，指甲很容易就會變長。

刷牙

經常替老貓刷牙，可以預防牙周病或口臭的產生。

刷毛和按摩能刺激腦部
適度誘導牠們活動，有益健康

　　肌力下降、跳躍力衰退的老貓無法從事劇烈運動。但是如果一直睡覺，又擔心牠們會缺乏體力。最好的方法是適度用逗貓棒等物品引誘牠們運動，避免老貓失去活力。這樣做不但可解決缺乏運動的問題，也能刺激腦部。

　　千萬不要任由牠們獨自老去，盡量透過多一點的接觸溝通，或是利用刷毛（參考P.138）和按摩（參考P.128）幫助老貓維持健康。

雖然年紀大了，但還是很喜歡跟主人玩耍啊！

＊高齡貓的特殊護理

　　老貓也會出現和人類一樣的失智症狀，例如：明明剛吃過卻又討食、無法自行排泄等。一旦牠們無法自主控制排泄時，就需要貓咪專用的尿布了。而且排泄完畢的屁屁清理也不能忽略，如果是癱瘓在床的貓咪，必須每隔幾個小時協助牠史換姿勢，避免身上長褥瘡。

事先準備
避難用的外出包！

當地震、火災等災害發生時，
人要逃命，貓咪也必須離家避難，
為貓咪準備專用避難袋，能預防萬一！

掛上貓咪專屬的識別掛牌

平常不妨想像演練，萬一發生大地震、火災、颱風等必須離家避難的情況時，要怎麼帶著貓咪一同避難？包括練習如何快速地把貓咪裝進外出包裡面，假如飼養很多隻貓咪的話，最好每隻貓咪都能準備一個外出包。

同時，為了預防貓咪失散迷路，最好替牠們戴上項圈或名牌，寫上手機號碼方便聯絡。或是事先帶牠們去植入識別資料的晶片（參考P.98），外出時更令人放心。

※ 貓咪外出包的使用撇步

用浴巾從貓咪身後包裹著，再放入外出包。

將貓咪裝進洗衣袋，拉上拉鍊，就能直接放入外出包裡面了。

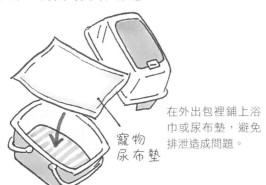

在外出包裡鋪上浴巾或尿布墊，避免排泄造成問題。

寵物
尿布墊

事先準備好
貓咪專用的緊急避難袋！

災害發生時，如果事先有整理少量的必需品，馬上就可以避難，非常方便。除了人的必需品，別忘了也替貓咪準備緊急避難外出袋。裡面放平日吃的貓食和飲水，只要備妥2～4週分量的食物就可以了。

地震時，有些貓咪會感受到壓力，躲在房間角落。這時候飼主只要抱著牠，和牠說說話，就可以減輕牠的焦慮不安。

緊急避難袋的物品清單

· 貓食（2～4週份）
· 飲用水
· 貓砂
· 尿布墊、衛生紙
· 塑膠袋、垃圾袋
· 毛巾、毯子
· 項圈、胸帶＆牽繩
· 貓咪照片（貓咪走失協尋時可派上用場）

不得已時，如果要暫住避難所，除了外出包之外，最好還要有裝貓的籠子，容量大小要能夠讓貓咪好好休息、吃飯喝水。

多功能的折疊式籠子：正面與側面兩處都有門，方便進出。

折疊式外出包雙門型（右）：有上方與側面兩個出入口。

習慣自由自在的貓咪，一旦像狗狗一樣綁上項圈和牽繩，就會感到不安。變通方法是，讓牠們戴上可以輕鬆穿過脖子和胸部的胸帶。這樣在避難所裡面，只要綁上胸帶，就能夠預防貓咪跑掉或迷路了。

真安心！
喵～

＊貓咪被單獨留在家時，怎麼辦？

萬一在不得已的情況下，必須將貓咪單獨留置家裡時。除了留下充足的食物和飲用水之外，還要讓牠們在室內能自由行動。更重要的是，在屋外貼上「屋內有貓」的告示，必要時才能獲得救援。

外出前準備充足，
確保喵喵的健康安全

當飼主外宿讓貓咪獨自看家時，
別忘了為牠們準備充足的食物、飲用水
和貓砂，同時做好溫度管理。

貓咪不喜歡外出旅行，
寧可留守看家

　　家裡是貓咪們最感安心的地方。如果帶著
貓咪一同外出旅行，對牠們來說反而是壓力。
萬一旅行途中跑掉了，想找回來更是困難。如
果飼主只是外宿，兩天之內的旅行，不妨考慮
讓貓咪留下來看家。

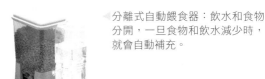
便利小道具

▷ 分離式自動餵食器：飲水和食物
分開，一旦食物和飲水減少時，
就會自動補充。

▷ 計時式自動餵食
器：可以設定次
數和分量，自動
補充。

貓 咪 獨 自 在 家 的 安 全 守 則

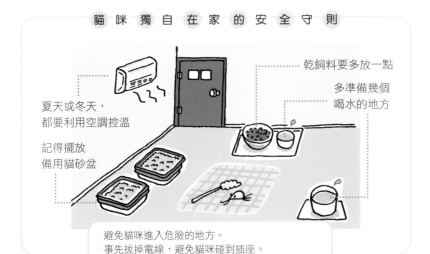

乾飼料要多放一點

多準備幾個
喝水的地方

夏天或冬天，
都要利用空調控溫

記得擺放
備用貓砂盆

避免貓咪進入危險的地方。
事先拔掉電線，避免貓咪碰到插座。

▲ 長效型貓砂盆：搭配顆粒較
大的貓砂，不易卡在貓掌肉
墊裡面，一個禮拜免換貓砂
也沒有問題。

委請專人到府照顧，或是送到寵物旅館寄養

咦？
輪我看家嗎？

假如飼主必須長時間離家，三天以上，就不適合讓貓咪獨自看家了。這時候可以委託家人或朋友到家裡幫忙照顧，或是尋找專業的寵物保母。萬一碰上貓咪本身有疾病，或是不方便讓其他人隨意進出家裡，也可以委託熟識的獸醫院照顧，或是送到寵物旅館寄養幾天。

Check！挑選寵物保母

□熟悉照顧貓咪的細節嗎？
□值得信賴嗎？
□確認有沒有合約、保險。
□事前的溝通很重要！

Check！挑選寵物旅館

□有沒有單貓房？
□有沒有貓咪專用房間？
□有沒有接種疫苗？
□設備是否乾淨？

貓咪如果生病或需要服藥時，建議寄放在獸醫院。

We love Cats! ❸
貓咪落跑或走失時的協尋對策

　　即使養在室內，貓咪還是可能會跑出去。外面車多人多充滿危險。不小心跑出去的貓咪可能不會回來或是找不到家，因此要避免貓咪跑到戶外。盡量不要讓牠們養成趴趴走的習慣，有些貓咪很好動經常跑出門，飼主要多留心。

　　萬一貓咪走失時也別慌張，通常走失的貓咪多半會因為害怕而躲在住家附近的角落，不妨先仔細在附近找找看。另外，還可以製作傳單發給鄰居或詢問附近的獸醫院。

貓咪容易開溜的地方，要小心防範！

✱ 玄關

家人進出時，要先確認貓咪是否在附近，再把門打開或關上。

外面的世界好新奇

✱ 陽台

欄杆加裝格子圍籬，或是在沒有欄杆的地方加裝網子。

安心

✱ 窗戶或紗門

加裝紗窗固定夾等，避免貓咪打開。

咦？

紗窗固定夾

喵喵走失怎麼辦？

✱ 製作傳單

附上貓咪的照片、寫上特徵和聯絡方式，張貼在住家附近。也請獸醫院等代為張貼在院內。

尋找走失貓咪
△月○日失蹤地點
・名字
・毛色特徵
・性別
・年齡

✱ 聯絡寵物協尋網

登錄失蹤資料，如果收到通知，就會與飼主聯絡。

裝上名牌或晶片

✱ 名牌

平常最好在項圈上加掛名牌。

✱ 晶片

前往獸醫院請他們幫忙植入。內有登錄編號等資訊的晶片可用來辨識貓咪。

Chapter 4
玩？是學習！也是運動！

陪我玩嘛！喵～

透過玩耍進行人貓的互動溝通

無法抗拒，喵！
貓咪最愛移動式玩具

為貓咪多準備一些有趣的遊戲吧！
因為透過玩耍，貓咪能學習很多事情。
除了運動，還可以紓解壓力。

玩耍是每日例行的重要活動
從遊戲中學習鍛鍊
培養出聰明又健康的貓咪！

　　幼貓期的貓咪，通常都會和母貓以及兄弟姊妹們一起生活。所以出生2～3個月之前，幼貓可以藉機學習到許多生存技巧。但是，家貓多半在幼貓期就獨自被飼主迎到家裡，所以飼主必須代替母貓和兄弟姊妹貓，積極陪伴貓咪玩耍。因為幼貓需要大量玩耍，才能促使大腦發育更發達。

　　另外，室內貓常有運動量不足的問題。加上家貓多半會接受結紮手術，長大後，仍然會留有幼貓時期的一些反應。這些問題都可以藉著陪伴貓咪玩耍獲得解決，同時還能加深貓咪與飼主的情感。

▼在家賴著主人陪我大玩特玩！

貓 咪 的 玩 具 大 觀

＊逗貓棒

最經典的玩具就是逗貓棒，深受貓咪們的喜愛喔！

＊虛擬獵物

可以追、抓、踢、咬

＊投擲物

讓貓咪追或是咬著玩

＊繩子＆懸掛物

貓咪喜歡會動的玩具，能讓牠們追著跑或拍打

＊躲貓貓

喜歡可以隱藏或狹窄的東西

＊光點

在牆壁或天花板製造光點，偽裝成獵物

留心貓咪發出的「玩耍」訊號！
當喵喵主動投來注視的眼神時，請回應牠的邀請和期待吧！

陪貓咪玩耍的時間點很重要。當牠們想要找人玩時，會一直注視著飼主，或是來到飼主身邊、在腳下磨蹭，有些甚至會叼著玩具過來丟在飼主身旁。一旦捕捉到貓咪「想要玩耍」的訊號時，請務必陪牠一塊兒玩耍。

不過「玩」雖然重要，但不需要吵醒正在睡覺的貓咪強迫牠玩耍喔！

🐾 玩耍時間每次5～10分鐘

貓咪的專注力無法持久，每次玩耍時間5～10分鐘剛剛好，每天陪牠玩2～3次。

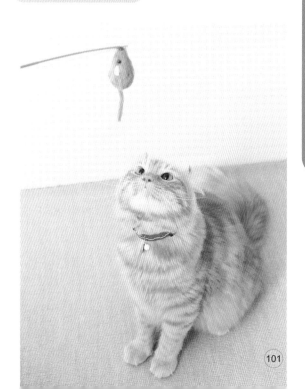

模擬獵物動態的移動方式
多增加一點變化
讓貓咪玩得更開心盡興！

貓咪的玩耍內容，基本上就是狩獵過程的重現。所以只要將玩具的移動模擬成真實的獵物，如：老鼠、昆蟲、小鳥等，貓咪就會玩得很開心。相反地，如果玩具移動的方式太過單調，或是不斷重複，牠們也會逐漸失去認真玩耍的興致。

為了能誘引貓咪的興致，飼主得多下功夫研究，將移動玩具的方式加點變化，才能讓家裡的可愛喵喵體驗捕捉獵物的樂趣，滿足牠們的狩獵本能喔！

◀看我來個
帥氣的挺
身飛撲！

最受貓咪喜愛的玩具類型？

**先找出喵喵喜歡的玩具種類，
再選擇不同的移動方式，重現老鼠、小鳥、蛇、蟲等的動態。**

喜歡長毛的東西
喜歡沙沙聲

➡ **爬鑽老鼠**

喜歡會飛的東西，經常出現跳追的動作
看到小鳥就會發出興奮的「喀喀」聲

➡ **小鳥飛啊飛！**

喜歡繩子
發現繩子形狀的物品就會去玩

➡ **彎曲蛇行**

喜歡會飛的東西
一看到蟲子就會興奮地「喀喀喀」

➡ **昆蟲舞動**

移動玩具的技巧 ＊ 初級篇

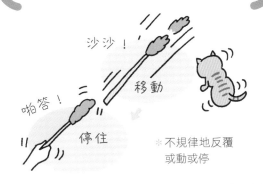

沙沙！

移動

啪答！

停住

※不規律地反覆
或動或停

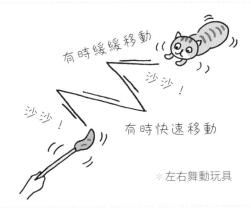

有時緩緩移動

沙沙！

沙沙！

有時快速移動

※左右舞動玩具

給他看

貓咪感興趣的話，
就丟出去

撿回來，
再丟出去

※丟擲玩具時要加點變化，有時假
　裝丟了卻沒丟，或是快速丟出去

海鰯仔的玩具精選Best 3

第3名　繩子末端綁上禮物的紅色蝴蝶結緞帶

被咬斷

咬得亂七八糟

第2名　橡皮繩

彈　彈

竿子前端綁玩具，
在空中不規則移動

立體移動讓貓咪也
跟著跳起來！

第1名

兔毛做的玩具老鼠

會發出沙咖沙咖的聲音

去吧！

興奮不已！！

咚！

丟出去會撿回來

持續同樣的過程，沒完沒了……

心癢難耐

快丟！快丟！

還要玩嗎？

充滿期待的眼神

再丟出去又會撿回來

完全忽視10隻一組的便宜貨啊！

老鼠！

故意藏在高處，牠會站高高拼命想拿

這裡有味道？喵～

(移動玩具的技巧 ＊中級篇)

＊先讓貓咪匍匐在地，再突然
　舉高玩具，誘引牠跳起來

跳！

＊在貓咪四周畫圓移動，
　讓貓來回奔跑

繞圈圈

＊把玩具藏起來，然後保
　留部分露出吸引貓咪

是獵物耶！

(移動玩具的技巧 ＊高級篇)

抓！

＊不規則移動，從貓身邊遠離
　或是沿著牆壁移動

不規則地貼地移
動並拉遠距離

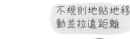

藏在
抱枕下

＊試著讓玩具在窗簾後面移
　動，或是藏在抱枕底下

偶而
露出來

＊捉迷藏，將玩具藏在布下
　面移動發出聲音，有時露
　出、有時藏起來

玩 樂 時 間 Q & A

Q 如何避免玩具老是被貓咪破壞呢？

A 盡量挑選不容易被破壞的玩具。另外，只能在飼主的視線範圍內給貓咪玩具，玩耍結束，玩具就要記得收回來，以免發生誤食的危險。萬一貓咪緊咬玩具不放時，可以用其他玩具吸引注意力，再快速拿走原來的玩具。

Q 碰到貪玩的貓咪怎麼辦？

A 玩耍時間如果太長，飼主和貓咪都會累翻。喊停的方法是趁機轉移貓咪的注意力，然後趕快把牠喜歡的玩具藏起來。

Q 兩隻貓咪都想玩耍時，如何擺平？

A 家中如果飼養兩隻以上的貓咪時，通常強勢的貓咪會獨占玩具自己玩。這樣一來，沒機會玩耍的貓咪就會累積壓力，影響健康。解決辦法是輪流的單獨陪貓咪玩耍，怕干擾的話，可以帶到另一個房間。盡量給予每隻貓一樣多的玩耍機會。

Q 如果玩具玩兩三下就膩了，怎麼辦？

A 首先要找出貓咪喜歡的玩具，才能引起牠們玩耍的動機。另外，如果缺乏移動的技巧，貓咪也會不想玩，所以飼主應該花點心思變化新的玩法。一旦遊戲時間完畢，把玩具收起來，下次要玩再拿出來，比較能夠維持新鮮感。

最後，玩樂跟貓齡也有關係，即使幼貓時玩得很激烈的貓咪，也會隨著年齡增長變得不太愛玩。其實進入老年期之後，無須強迫貓咪玩耍也沒關係。取而代之的，多幫貓咪摸摸或按摩，增加交流。

打開喵喵心房！
讓貓咪主動靠近的技巧

> 觀察貓咪善變的心情，把握機會跟牠們互動
> 展開幸福的人貓同居生活！

先取得貓咪的信任
再找到可以觸摸的舒服位置

　　喜歡自由自在生活的貓咪，原本是警戒心很強的動物。即使是家貓，也不會馬上就對飼主打開心房。接觸之前，得先花時間建立互信關係。避免強行抓住貓咪摸摸或是用力抱緊牠，這樣只會讓貓咪更想遠離你。等到牠們願意主動靠近，或是允許飼主抱抱之後，再試著找出接觸貓咪的技巧。

貓咪身體的敏感地帶

接著介紹貓咪喜歡與不喜歡被撫摸的位置。不同貓咪有不同喜好，你可以試著找出自家貓咪喜歡被撫摸的位置。貓咪自己舔不到的地方，通常會是貓咪最喜歡被撫摸的地方喔！

🐾 喜歡被觸摸的舒服部位

喜歡

額頭　脖子四周
耳朵一帶
臉頰
下巴和喉嚨

🐾 不喜歡被觸摸的敏感部位

討厭

背部　腰部
尾巴
屁股
手腳和肉墊

把握貓咪的暗示！
「現在可以摸我嘍！喵」 學會分辨貓咪的心情

飼主要先了解貓咪什麼時候會發出「快來陪我～」的訊號，接到暗示再接近貓咪。還不熟的時候，貓咪會從「嗅嗅」開始打招呼。如果對貓咪伸出手指，牠願意過來嗅嗅，就代表踏出成功的第一步了。嗅完後，貓咪還願意待在你身邊，就可以輕聲和牠說話，一邊試著摸摸牠。

▲看到我放電的貓眼了嗎？快來抱抱！

＊貓咪想跟人接觸時的訊號

靠過來磨蹭

故意礙手礙腳
滾滾　　報紙

坐上來

靠過來

直盯著看

很開心地露出肚子

走過來

即使出現這些舉動，也不可以突然伸手摸貓，一定要先出聲再行動。

從「嗅嗅」到「摸摸」的過程

太好了！
貓咪信任你！

起點
蹲下來對著貓咪伸出手指 ⇢ 過來嗅嗅了！ ⇢ 可以摸摸了！

貓咪不來嗅嗅　記得慢慢來喔

跑到不遠的距離之外　還需要一點時間！

跑到很遠的距離之外　別著急，先和牠建立互信關係吧！

給貓咪愛的抱抱
得到信任和允許
再挑戰軟綿綿的貓咪抱！

很多人跟貓咪一起生活，就是嚮往體驗軟綿綿的貓咪抱！但是並非所有貓咪都喜歡被飼主擁抱。抱抱的行為對貓咪來說，等於身體離開地面並且受到拘束，所以很多警戒心比較強的貓咪並不喜歡抱抱。

遇到討厭抱抱的貓咪時，飼主千萬不可以硬著來。只要耐心等待，花點時間，多數貓咪還是喜歡擁抱的，就算貓咪始終不給抱，只要能夠撫摸牠，也已經表示貓咪十分信賴你了。

有些貓咪比較挑剔，雖然喜歡擁抱，但不是任何姿勢都接受。所以觀察貓咪的心情，挑戰一下，找出你家貓咪最喜歡的擁抱方式吧！

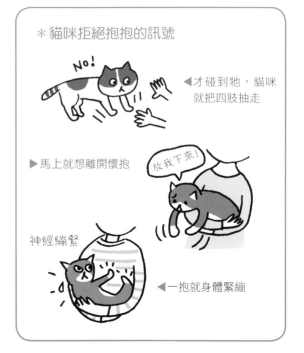

＊貓咪拒絕抱抱的訊號

◀才碰到牠，貓咪就把四肢抽走

▶馬上就想離開懷抱

放我下來！

神經緊繃

◀一抱就身體緊繃

當貓咪……時，不可以摸摸或抱抱！

正在吃飯時	正在理毛時	睡覺時	正在玩耍時

貓咪抱的親密時刻

公主抱、面對面抱抱等，不同貓咪喜歡的擁抱姿勢也不同。關鍵在確實支撐臀部！給貓咪穩定的安全感。

千奇百怪的擁抱方式

肚子朝上才安心的大福

不少貓咪討厭抱抱

身體有點僵硬

海鯽仔直到1歲大，才願意讓人肚子朝下抱

唯一例外，願意讓獸醫肚子朝上抱……

海鯽仔長大了呢！

→ 雖然樣子很僵硬

有些貓咪要等十年，才肯給人抱抱

呼嚕

感動落淚……

終於願意讓我抱了！等好久喔……

緊抓

鮭魚卵……你差不多該下來嘍！

吼

鮭魚卵超喜歡抱抱 如果想把他放下，他還會生氣！比起美食，他似乎史愛抱抱！

愛上撒嬌貓咪！
與喵喵相處零距離

**事先了解在什麼情況下，別去理牠們；
以及什麼時候牠們需要玩耍或陪伴。**

 解讀貓咪的心事
不要勾勾纏！
保持適度距離，當個受喜愛的飼主

貓咪是獨自生活的狩獵者。牠們喜歡單獨行動，給人自由自在又反覆無常的印象，不像狗狗是團體生活的動物，會跟一起生活的家人建立上下關係。

不過，與人生活的貓咪多半已經接受結紮手術，所以會保有幼貓的部分習慣，包括撒嬌，就像在對母貓撒嬌一樣，牠們也會對飼主撒嬌。只是牠們經常變來變去，而且最討厭人家糾纏不休了。建議飼主如果想要享受美好的人貓同居生活，重點是掌握時機，當貓咪想玩時就陪牠玩，當牠不希望有人吵的時候，就別吵牠了。

一旦學會掌握捉摸不定的貓咪心情，就可以和貓咪變成好朋友囉！

好舒服，喵～

有點厭煩了喵……

為什麼貓咪會出現干擾人的舉動？

貓咪會在飼主看書、看電視或使用電腦時，主動靠過來做些干擾人的舉動。

從貓咪的角度設想，牠們也許是好奇：「你在做什麼，喵？」飼主則可以視為貓咪在撒嬌，因為平常不希望飼主吵牠的貓咪，偏愛選這種時候，在礙事的地方打滾，對你表示：「摸摸！」這種難以言喻的心情，其實也包含了嫉妒飼主熱衷其他事物，牠們希望飼主把注意力轉到自己身上。

這時千萬別對貓咪說：「走開！」。當然，也不要逮到機會就拼命抱抱，因為對貓咪糾纏不休是大忌。當心貓咪會突然使出貓踢，或是掙扎逃開。把握「差不多該停止」的暗示，也是飼主的重要工作呢！

＊摸摸＆抱抱的喊停時機

當善變的貓咪出現這些警訊時，請馬上停止觸摸擁抱牠們的舉動，避免被貓咪抓傷。

▲尾巴大幅度擺動　　▲耳朵塌下

▲使出貓踢　　▲眼神變得認真

貓咪最討厭這種人……

呀啊！
貓耶！！　貓耶！！

追著貓到處跑的小孩

大好
笑了？
喵喵喵

說話很大聲的人
聲音尖銳高亢的人

誰叫我的聽力這麼好呢？喵

別碰我啊，喵……

啪答
啪答

好可愛！
尾巴在搖晃～!!

趁貓咪睡覺時不停地撫摸牠……

我好喜歡貓喔～!!!

見不到貓咪的話，有相思病的應該是人吧！

我要去安靜的地方了～♪

人貓都能愉快生活的幸福空間

**把握居家佈置和打掃重點，
人貓都能住得很舒服喔！**

可以上下跳動的擺設！
準備家具或貓樹，讓貓咪能夠縱向移動

　　貓咪是需要上下跳躍的動物，所以與貓咪一起生活，少不了寬敞的空間。為了讓牠們能自由前往高處，飼主應該替牠們重新安排家具位置，或是準備貓咪專用的貓樹。

　　另外，也要準備安靜的環境，讓貓咪放心生活。將貓床、貓砂盆、飼料和飲水等生活必須品，放置在貓咪隨時能走到的地方。

　　要提防貓咪離家，又必須維持牠們進出的自由，不妨考慮在房門上加裝貓門，就無須隨時把門打開，相當方便。

🐾 打掃的重點

　　與貓咪一起生活，就會面對掉毛、灰塵等問題。想要維持乾淨的生活環境，關鍵就是經常打掃。每天清除四散的貓砂、飼料，再用除塵滾筒或針梳處理掉毛。

＊掉毛的處理方式

▼用吸塵器吸淨

▲用除塵滾筒黏起沙發或衣物的掉毛

▶用針梳刷除地毯上的毛

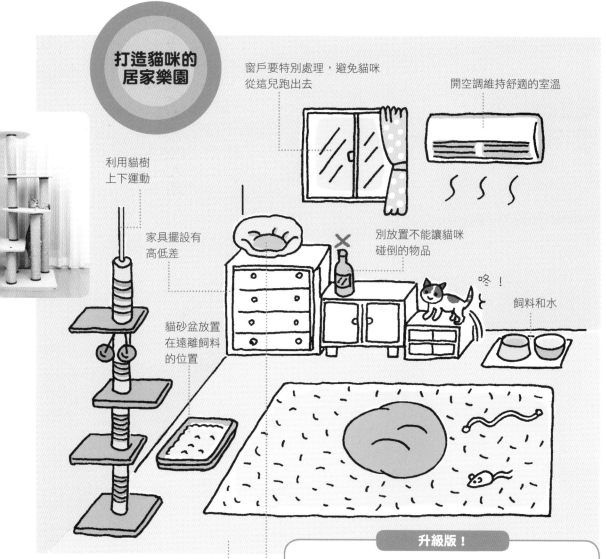

打造貓咪的居家樂園

窗戶要特別處理，避免貓咪從這兒跑出去

開空調維持舒適的室溫

利用貓樹上下運動

家具擺設有高低差

別放置不能讓貓咪碰倒的物品

咚！

飼料和水

貓砂盆放置在遠離飼料的位置

地毯比木質地板更不易滑倒（也可防止噪音）

貓床擺在安靜的地方

升級版！

如果可以的話，不妨為貓咪準備一個專用空間吧！

＊從貓門自由進出

＊利用層板進行跳躍運動

愛的禮物！
親手製作手感貓玩具

用貓咪最愛的木天蓼和貓毛，
挑戰製作手工玩具和抱枕！
以及如何DIY用瓦愣紙箱輕鬆製作貓抓板。

 木天蓼玩具

 材料　布17cm×22cm
線、棉花、脫落的貓毛
木天蓼果實（或是貓薄荷）

做法

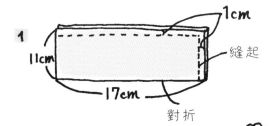

1　11cm　17cm　1cm　縫起　對折

2　開口往內折後縫合

 沒有也沒關係　 用貓草也可以

3　邊緣往內折後縫起固定

 我咬！

紙箱貓抓板

 材料 瓦愣紙箱、木工專用黏膠、繩子

 做法

1 紙箱裁成同樣大小

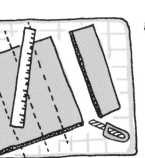

2 對齊排好後，用黏膠黏合

3 兩端用繩子綁起來就OK囉！

大功完成囉！喵～

抓抓抓

安心午睡枕

 材料 布29cm×36cm
線、棉花、脫落的貓毛

 做法

1

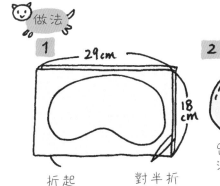

29cm

18cm

折起　　　　對半折
布片剪成橢圓形或蠶豆型
也可發揮創意喜好剪裁

2

1cm

留一個開口塞棉花，
沿邊緣縫合後翻面

3

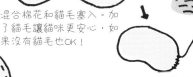

混合棉花和貓毛塞入。加
了貓毛讓貓咪更安心，如
果沒有貓毛也OK！

縫合開口

We love Cats! ④
如何帶貓咪出門散步呢？

　　如果從幼貓時期就養在室內的貓咪，基本上不喜歡外出。但如果是外頭撿回來的流浪貓，或是曾經離家的貓咪，比較會想要外出。這時候可以先替牠們綁上牽繩，再帶牠們外出散步，是比較安全和保險的做法。有些貓咪散步時很乖，也有些貓咪不願意安分地讓飼主綁著牽繩散步呢！不管怎樣，如果貓咪無論如何都想出門趴趴走，主人還是要嘗試看看喔！

Chapter 5
喵！生病了，請好好照顧我！

我要秀秀～喵嗚

貓咪的疾病與健康管理

依照不同年齡，
為貓兒定期健康檢查

貓咪無法透過言語表達疼痛及痛苦，
因此定期接受健康檢查和預防接種很重要。

挑選醫院與健康檢查
尋找可靠醫院固定看診，
守護貓咪健康！

　　帶貓咪回家前，先找一家能接受預防接種和健康檢查的獸醫院，貓咪發生意外時才能安心。定期接受健康檢查可確認幼貓的成長，或提早發現成貓疾病、早期治療。即使是外表看來健康的貓咪，在一歲後應每年檢查一次，七歲以上的老貓則是每年接受兩次檢查最理想。健康檢查的內容視貓咪的年齡和健康狀況，與醫師商量後再做決定。

Check！「優良獸醫院」應具備哪些條件？

☐ 知識、資訊豐富，能耐心清楚說明
☐ 能給予健康管理和飼養上的建議
☐ 醫院內明亮乾淨，有確實打掃
☐ 會明確告知治療費用
☐ 盡可能位在離家方便的地方
☐ 人人口耳相傳，評價良好

貓咪「健康檢查」的主要內容

觸診、聽診	利用觸診可確認有無淋巴結腫瘤或結塊、腫脹、脈膊等。利用聽診可確認心臟、肺臟、腸子等聲音。
血液檢查	有無貧血、感染、發炎、貓愛滋、貓白血病毒感染，以及肝臟、腎臟、胰臟、荷爾蒙異常等。糞尿檢查從糞便可確認是否有消化問題、寄生蟲感染、腸內細菌等。從尿液檢測是否有膀胱炎、尿結石、腎衰竭等。
X光檢查	檢查呼吸道、心臟、肝臟、腸胃、腎臟、骨頭、關節等觸診無法看出問題的臟器。超音波檢查確認各器官的狀態、有無腫瘤、惡化程度等。
眼睛檢查	確認傷口、結膜炎、眼淚分泌量、眼壓等。有些情況會使用眼藥水觀察視網膜和視神經。
牙齒檢查	確認有無牙結石或牙齦炎。利用X光攝影檢查牙根。
心電圖	確認是否有心臟疾病。如：心悸、心室肥大等。

前往醫院時
讓喵喵習慣外出包，以免外出時暴走逃跑

帶貓咪前往獸醫院時，務必將貓咪放在外出包，避免貓咪跑掉。考慮外面可能有傳染病，建議在候診室等候看診時，也別把貓咪放出來。因為貓咪待在陌生環境裡會有壓力，飼主必須小心貓咪躁動或逃跑。

將貓咪先放入較大的洗衣袋裡再裝進外出包，也是防止逃走的方法之一（參考P.94）。看診時飼主必須幫忙壓住貓咪身體。在貓咪身旁對牠說說話，可以讓牠安心。

🐾 疫苗種類VS.接種時期

有些疾病可透過接種疫苗預防。出生2個月和3個月的幼貓必須接種疫苗，之後原則上每年接種一次。

養在室內不外出的貓咪，也會因為人類從外頭帶回來的病原體，或是貓咪跑出門去而染病，因此必須定期接種疫苗。常見的是三合一、五合一疫苗，三合一包含貓瘟、貓卡里西病、貓病毒性鼻支氣管炎等。五合一則是上述三種疾病再加貓白血病、貓披衣菌肺炎。

＊疫苗具有多少免疫力？

即使接種了疫苗，免疫力的持久程度也會因為個體差異而不同。有些國家的貓咪是每三年接種一次疫苗即可。但在台灣很多飼主每年都會帶貓咪施打疫苗，因為每隻貓咪的體質不同，對疫苗的反應也不同，有些施打後會出現嚴重不適的症狀，建議跟信任的獸醫討論後再做決定。

前往醫院的三大重點
- ☐ 將貓咪放入外出包
- ☐ 急症或受傷時，可先打電話詢問醫師指示再送醫
- ☐ 身體不適時，可記錄從何時開始不舒服、不適症狀、食慾狀況、是否嘔吐及排泄狀況等

「疫苗」可以預防的疾病

	疾病	說明
核心疫苗	貓病毒性鼻支氣管炎	接觸到患病貓咪而傳染。症狀有流鼻水、打噴嚏、流口水、咳嗽、有眼屎等。幼貓和老貓甚至可能死亡或因結膜炎或角膜炎而失明。
	貓卡里西病毒感染症	症狀有流鼻水、打噴嚏、流口水、咳嗽、有眼屎。感冒症狀惡化的話，口鼻會出現水泡、潰瘍、口瘡、舌炎，食慾減退導致身體衰弱，甚至死亡。
	貓泛白血球減少症號（俗稱貓瘟）	起因是貓小病毒。別名是貓傳染性腸炎。接觸患病貓咪的排泄物等而感染。會出現發燒、嚴重腹瀉、嘔吐造成脫水、白血球減少等。幼貓死亡率高。
非核心疫苗	貓白血病毒感染症	接觸到患病貓咪的唾液、血液、母貓母乳等而感染。症狀有慢性牙齦發腫、口瘡、食慾不振、貧血等。發病後容易引發淋巴瘤或白血病。
	貓披衣菌症	披衣菌由眼睛和鼻子等進入，在黏膜引起發炎。除了打噴嚏、流鼻水、咳嗽之外，主要症狀還有口瘡、舌炎等。
	貓免疫不全病毒感染症（貓愛滋）	與患病貓咪打架，從傷口感染。不會立刻發病，不過免疫力會減弱，出現慢性口瘡、腹瀉、感冒症狀。
	狂犬病	病毒破壞神經導致死亡。即使在國內沒有發病，帶往國外時，仍須接種疫苗或接受抗體檢查。

＊核心疫苗　基本預防的疾病疫苗。
＊非核心疫苗
配合地區及飼養方式，建議最好施打預防性的疾病疫苗。
（貓愛滋疫苗施打需視狀況決定，不一定要施打，可向獸醫諮商。狂犬病疫苗也是，不外出的貓咪基本上不需要。）

＊接種疫苗時的注意事項
・接種疫苗必須在貓咪有精神且身體狀況良好時進行。
・接種後應避免跳躍、進行激烈運動。
・接種後如果出現沒精神、食慾降低、發燒、嘔吐、腹瀉等不同於平常的情況，請務必找獸醫諮詢。
・過敏反應會在接種後1～數小時之內發生，因此接種疫苗盡量選在中午以前進行，方便有狀況時可盡速就醫。

Chapter 5　喵！生病了，請好好照顧我！

喵，今天不太舒服！
隨時注意愛貓狀態

**每天確認貓咪的健康狀況，
可讓牠們常保活力，活得更長壽！**

每日的健康檢測
**沒有精神、沒有食慾？
是不是和平常不太一樣？**

　　自由自在的貓咪們平常總是在睡覺，即使覺得疼痛或難受，飼主也不易注意到。只要感覺貓咪好像沒精神，請仔細確認右列項目。如果牠不想玩平常喜歡的玩具，可能是因為身體不舒服。和貓咪玩耍時，別忘了隨時觀察愛貓的健康喔！

▲要仔細觀察我每天的樣子喔！喵

Check！喵喵的異常狀況

食慾	有食慾不振的狀況嗎？雖然有時只是對食物的好惡，但食慾降低也可能是生病了。
飲水量	水喝得比平常多的時候，很可能是腎臟出問題。
排泄	排泄次數、量、顏色、氣味等是否異常？有沒有腹瀉、便秘、頻尿、血尿？排泄困難時也必須留意。
嘔吐	反覆嘔吐、體重減輕，很可能生病了。
理毛	比平常更頻繁地舔身體時，表示有壓力。另外，搔抓全身則可能是有跳蚤或皮膚病。
其他行為	和平常不同，討厭被觸摸或擁抱時，表示身體感覺疼痛。一抱就叫也可能是疼痛的表現。

身體各部位大檢查

出現這些症狀時，請盡快諮詢醫生！

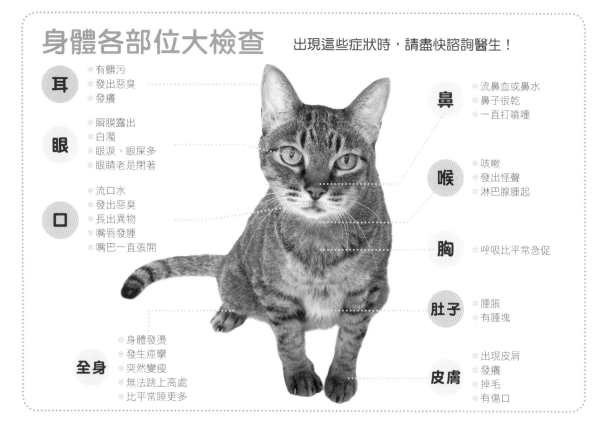

耳
＊有髒污
＊發出惡臭
＊發癢

眼
＊瞬膜露出
＊白濁
＊眼淚、眼屎多
＊眼睛老是閉著

口
＊流口水
＊發出惡臭
＊長出異物
＊嘴唇發腫
＊嘴巴一直張開

全身
＊身體發燙
＊發生痙攣
＊突然變瘦
＊無法跳上高處
＊比平常睡更多

鼻
＊流鼻血或鼻水
＊鼻子很乾
＊一直打噴嚏

喉
＊咳嗽
＊發出怪聲
＊淋巴腺腫起

胸
＊呼吸比平常急促

肚子
＊腫脹
＊有腫塊

皮膚
＊出現皮屑
＊發癢
＊掉毛
＊有傷口

🐾 了解「健康正常值」很重要

飼主必須掌握愛貓平時的狀態。健康時也要隨時測量體重，確認是否增減。

正常值
體溫 ＊約38～39度
呼吸次數 ＊20～30次／分鐘
心跳次數 ＊約120～180次／分
＊測量方式參考 P.150

◀耳窩比平常更熱，很可能是發燒了

▶可抱著貓咪測量體重

＊如何準備貓咪的醫療費用？

除了接種疫苗、健康檢查外，建議平常可準備一筆生病時的開銷。台灣的寵物保險雖還不普遍，但也是一種方式，不過事前應確認加入和支付的條件。另外，即使不加入保險，也建議每個月定期定額存款，當作貓咪專用的醫療費用。

貓咪結紮大小事！
手術的時機和好處

接受結紮手術，能避免貓咪產生壓力
同時還有預防疾病的好處。

貓咪發情時期
出生6個月後開始發情，
母貓發情期是每年2～3次

　　「發情期」是發育成熟的母貓固定會有的繁殖期。一到這個時期，交配後成功懷孕的機率幾乎100％。至於公貓則沒有明確的發情期，主要是配合母貓散發的氣味而行動。母貓第一次發情是在出生6～10個月之後。往後每年有2～3次發情期。公貓則是在出生8個月左右，性器官發育成熟，就會出現到處噴尿的行為。

發情的徵兆

 母貓
＊發出屋外都能聽到的音量大叫，
　在發情期間會持續鳴叫約兩個禮拜。
＊身體扭來扭去或抬高腰部。
＊食慾減少，排尿增加。

 公貓
＊到處噴尿，強調地盤。特徵是尿液會朝
　著正後方噴。
＊坐立不安，會大聲喵叫想要外出。

母貓發情呼喚，公貓爭先拼搶

凹嗚～ 凹嗚～

年輕時，海膽只要一發情

喵喵！！吼！ 嚇

咽！ 吼！

附近的公貓就會在外頭打架！
半夜時，屋裡屋外都是貓叫聲，叫個不停!!

金太有隱睪症……

啊！ 這是我的地盤！

帶牠去檢查才發現只有一顆睪丸……

原來是隱睪症！

好臭！

8個月大時，某天牠做出噴尿行為

另一顆睪丸在腹腔中，必須動手術摘除

吼！ 呵呵 現在牠已經是穩重乖巧的孩子了！

評估是否結紮的考量重點
不打算繁殖後代的家貓，應該盡早結紮

　　發情期的叫聲和作記號行為，除了給飼主帶來困擾和壓力，貓咪本身也會因為無法外出而累積壓力。

　　再加上萬一母貓跑出家門懷孕回來，或是公貓跑出去讓外頭的貓咪懷孕等情況，會造成更多流浪貓或是幼貓太多的飼養問題。

　　所以如果不考慮生小貓的話，應該盡早結紮。結紮之後的貓咪，不會再出現發情期特有的行為，壓力減輕後，個性也會變得比較穩定，容易飼養。而且無論公貓或母貓，結紮都能夠預防罹患生殖器方面的疾病，可說是好處多多。

　　但是，手術後因為荷爾蒙失衡等緣故，母貓和公貓會比較容易變胖，這時應該注意貓食內容，並且多陪牠們一起玩耍或在室內運動。

🐾 適合進行結紮手術的時機？

　　接受結紮手術的時間如果過早，會影響成長發育。太晚的話，公貓又會養成噴尿習慣。所以時間點很重要，不妨前往貓咪常去的獸醫院諮詢，一般會建議手術最好在出生6個月之後、發情之前進行。

　　費用方面，每家獸醫院不同。另外，各地方政府提供家貓結紮手術的費用補助也不相同。飼主可至居住地的政府相關機關，進一步洽詢了解。

結紮手術的好處

  的 改 變 變得更淑女！

發情期不再大聲鳴叫，個性會變得穩定，壓力也減少。

可預防子宮蓄膿症、子宮內膜炎、子宮癌、卵巢瘤、乳腺瘤、乳腺炎等疾病。

  的 變 個性變穩重！

噴尿行為減少。

攻擊性減少，比較不會因為搶地盤打架，或是為了追母貓跑出門。

可預防睾丸腫瘤、前列腺肥大等疾病。

結紮手術的項目

    （母貓）

有兩種選擇，只摘除卵巢，或是同時摘除卵巢和子宮。

需要開腹手術，必須住院3～7天。

費用NT1000～3000元不等，視醫院設備不同。（不含住院費）

    （公貓）

摘除睾丸的手術，需要全身麻醉，手術時間約幾十分鐘。

可當天出院。

費用NT1000～1500元不等，視醫院設備不同。

Chapter 5　喵！生病了，請好好照顧我！

讓貓咪成功相親、
懷孕、生產的撇步

如果想讓貓咪繁殖，
就必須幫貓咪們找尋適當的對象配對。
建議可找獸醫師或是專業的育種人諮詢。

傳宗接代的關鍵步驟
到了繁殖季節，
母貓可在公貓家進行相親

貓咪的發情期主要是春季和秋季，不過有些母貓也會在冬天發情。發情期的母貓大約每10天會發情一次，公貓則是會受到母貓氣味刺激而發情。

一旦交配就會刺激母貓排卵，所以成功懷孕的機率很高。因此，如果尚未結紮的母貓和公貓一起飼養，或是出門散步的話，母貓很容易就會受孕。

🐾 有時母貓也會拒絕公貓

如果是計劃性的懷孕，可以請獸醫師或育種人幫忙介紹對象。考慮到公貓對於地盤較敏感，建議最好將母貓帶到公貓家進行相親。

不過母貓即使在發情期還是會挑公貓，偶爾也可能相親失敗。或是兩隻貓需要花上幾天的時間相處才會進行交配，所以必須將母貓寄養在公貓家裡4～5天。

＊相親、交配的流程

1 先進行預防接種、檢查是否有疾病或寄生蟲等。

2 請人代為介紹公貓。一般來說，純種貓必須支付交配費。

3 將母貓帶去公貓家裡，一起居住2～3天以上。

懷孕的徵兆與變化

第一週	交配後2～3天不再出現發情期的鳴叫。荷爾蒙分泌旺盛，披毛出現光澤。
第三週	食慾旺盛，肚子隆起。乳頭變成粉紅色。
第四週	食量增加到平常的兩倍左右，經常在睡覺。子宮壓迫到膀胱，所以排尿次數會增加。
第八週	肚子隆起變大，獸醫檢查時已可確認有幾隻幼貓。情況逐漸穩定，乳頭開始滲出母乳。
第九週	生產前食慾減退，變得焦躁不安，喜歡磨蹭飼主撒嬌。交配後約63天生產。

迎接小貓咪的誕生
守護母貓，讓牠安心懷孕待產

懷孕後，飼主必須讓母貓能夠安心生下小貓。進入孕期第2週左右，母貓會開始焦躁不安，這時可以替牠們張羅產箱備用。

生產時，基本上是讓母貓自然進行。萬一用力推擠還是生不出來或發生其他狀況時，飼主才需要即時上前支援。

😺 懷孕期的飲食調養

懷孕第4週左右，母貓的食慾會變很好，為了胎兒著想，飼主應該為貓咪準備含有豐富優質蛋白、鈣質、維生素等的綜合營養食。

每天的總食量約增加2〜3成，如果貓咪願意吃的話，甚至可以給2倍的分量。但也不要突然增加分量，最好視情況調整。因為懷孕後期胃部會受到壓迫，一次很難吃進很多食物，建議一天可分成4〜5次餵食。

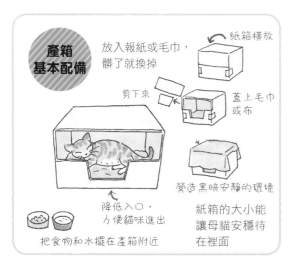

產箱基本配備

放入報紙或毛巾，髒了就換掉

紙箱橫放

剪下來

蓋上毛巾或布

營造黑暗安靜的環境

降低入口，方便貓咪進出

紙箱的大小能讓母貓安穩待在裡面

把食物和水擺在產箱附近

貓咪的生產流程

❶生產前
焦躁不安，會向飼主撒嬌或頻頻檢查產箱。

❷（破水陣痛）
在產箱裡伸展手腳，流出摻血的分泌物。

❸生下第一隻幼貓
陣痛後約30分鐘，第一隻幼貓誕生。母貓會舔掉包裹幼貓的外膜，讓牠呼吸。

❹（咬斷臍帶）
母貓自行咬斷臍帶，吃掉分娩時掉出來的胎盤等（有時胎盤會整個掉出來）。再把幼貓舔乾淨，然後開始哺乳。

❺陣痛、生產
通常一胎的幼貓約有2〜6隻。第一隻產出後，大約間隔10〜30分鐘後，會開始下一次陣痛，陣痛和生產輪流發生。飼主只要在一旁守護，等待幼貓全部順利誕生出來。

突發的難產狀況怎麼辦？

假如不斷推擠超過1個小時，還是生不出來。母貓可能會停止推擠，但幼貓還在肚子裡 ➡ 這時應聯絡獸醫師討論處理方式

幼貓出生時呈現假死狀態 ➡ 先擦掉鼻子和嘴裡的羊水，溫暖牠的身體。再用手指輕輕進行全身按摩，幫助幼貓呼吸

母貓不願照顧生下來的幼貓 ➡ 用棉線綁住臍帶，再用剪刀剪斷，拿溫溼的紗布擦拭幼貓身體。其他照料幼貓的方式可參考P.28

▲母貓頻頻舔幼貓照顧牠

▲出生第2週的幼貓正在吸奶

發現貓咪天敵～蟲子 驅除跳蚤大作戰！

即使養在室內的貓咪也不容大意！
只要找到1隻跳蚤，表示身上有100隻。
必須徹底清除及預防。

跳蚤來襲怎麼辦？
寄生蟲是疾病之源！
全面驅除才能終結威脅

貓咪身上的外來寄生蟲包括貓跳蚤、蝨子等，這些都是靠著吸血長大，導致貓咪出現搔癢、腹瀉、貧血、皮膚炎等症狀。可能是跑出家門或在陽台沾上跳蚤，到獸醫院與其他貓咪接觸時也有機會沾染。因為跳蚤會在貓毛和室內各處快速繁殖，所以一旦發現就要徹底清除，以杜後患。

梅雨季節到秋天是傳染高峰期！

跳蚤存活在氣溫18度以上、濕度70％以上的環境。產生的高峰期在梅雨季節到高溫的秋天左右。貓跳蚤有時也會吸人血，如果被咬到，人類也會覺得強烈搔癢。

清理時多留心，只要貓毛或貓床等地方發現小小的黑色顆粒（跳蚤糞便），就表示有跳蚤。有時候，在黑暗處也會出現有白色蟲卵。

了解跳蚤的成長繁殖

卵	幼蟲
0.3～0.5mm的極小白色顆粒，2～5天孵化。	孵化的幼蟲脫皮長大，7～10天左右變成蛹。
成蟲	蛹
寄生在貓咪身上吸血長大，進而繼續產卵繁殖。	2～3週後長成成蟲。有時也會以蛹的狀態度過冬天。

Check！跳蚤的襲擊警報！

☐ 經常出現搔癢抓身體的動作
☐ 不斷咬身體或毛
☐ 撥開披毛發現黑色顆粒

好癢喔，喵！

▲這裡癢！那裡也癢！

購買專門的除蟲藥物，再配合使用梳子和沐浴乳

發現貓咪身上有跳蚤，最有效的辦法就是以專用藥物驅除。市面上有賣各式各樣的跳蚤藥，也可找獸醫師諮詢後開藥。

另外，除蚤梳、除蚤沐浴乳也可有效清除跳蚤。但是一壓碎跳蚤，很可能會造成蟲卵四散，一定要小心處理，盡可能不要壓碎跳蚤和蟲卵，清除時，最好也利用廚房清潔劑等徹底進行。

◀慘了？
長跳蚤啦！

🐾 房間的滅蚤行動也要徹底！

跳蚤活動的地點，不只是貓咪的身上，所以房間也需要徹底清潔。最重要的是跳蚤蟲卵、幼蟲、蛹等，全部都必須清理乾淨。不僅如此，貓咪進出的場所也要以吸塵器吸過，沙發和地毯全部用除塵滾筒黏過，這些都有助於防止跳蚤的滋生。

＊驅除跳蚤、蝨子、絲蟲的必殺絕招

購買專用藥物

輝瑞寵愛滴劑
預防絲蟲、驅除跳蚤、耳蟲、耳疥蟲的滴劑。用法是滴在貓咪脖子。

蚤不到全效
跳蚤、蝨子專用的滴劑。用法是滴在貓咪脖子後側。

貓新寶
預防貓心絲蟲症的口服藥劑。

蚤不到噴劑
跳蚤、蝨子專用。可直接噴在貓咪身上或生活環境中。

除蚤梳

利用物理原理，從毛根撈起跳蚤。再用清潔劑等對付跳蚤和蟲卵，記得別壓碎。

沐浴乳

使用除蚤沐浴乳清洗貓咪時，記得必須從頭部往下依序清洗。

▲清洗貓床和毛巾等。

▲非常時期，每天都要用吸塵器徹底清潔。

好舒服，喵！
對症全身按摩法

每天替貓咪輕柔按摩，
針對穴道和經絡，健康效果更加倍！

悠哉的放鬆時光！
替貓咪按摩，有益身心
享受人貓親暱的互動

　　飼主幫貓咪按摩，可以讓貓咪放鬆，並且能有效促進牠的健康，是非常不錯的人貓互動方式。這裡介紹幾個簡單的居家全身按摩，不妨偷閒和貓咪一同度過悠閒時光吧。

Check！按摩的重點

☐ 按摩時間每天 5 ～ 10 分鐘，不要太長
☐ 不是用力壓，要像在撫摸
☐ 別在貓咪不喜歡的時候或地點進行
☐ 從貓咪最喜歡的臉部四周開始按摩
☐ 用溫暖的手進行

好舒服喲，
喵～

喵喵最愛的四大按摩手法

運用不同的手勢，組合各種讓貓咪舒服的方式。

❋ 撫摸

利用手指和掌心輕柔撫摸按摩。

❋ 觸碰

用手指輕碰。不要用指甲抓，用指腹觸摸。

❋ 搔抓

手指像梳子一樣移動。

❋ 抓捏

指腹抓住脖子後側的皮拉扯。

最 舒 服 的 按 摩 順 序

按摩順序沒有規定，
不過還是建議由臉開始朝身體移動。

---

❶ 揉耳朵

許多穴道集中在耳朵。用指腹夾著耳朵揉捏。

❷ 眼睛和眼睛上方

拇指輕按眼皮，從眼頭經過眼睛上方，延伸到耳朵。

❸ 搔臉頰

雙手夾著臉頰，從臉部中心向外搔抓按摩。

---

❹ 搔下巴

下巴有分泌腺，用食指畫小圈揉捏會很舒服。

❺ 摸背

輕摸整個背部。摸過之後，捏起脖子到臀部的背脊線。

❻ 摸胸口和肚子

讓貓咪放鬆翻身，從胸口朝肚子方向撫摸。

---

❼ 肚子畫圓

用食指、中指、無名指二指繞著肚子上的肚臍畫圈。

❽ 按捏腳趾和肉墊

以手指抓住腳趾按摩肉墊。如果貓咪願意讓人按摩腳趾，以後剪指甲也很輕鬆。

❾ 順順尾巴

手指夾著尾巴根部輕握尾巴，朝末端移動。萬一貓咪不喜歡時，也不用勉強進行。

認識貓咪的穴道

貓咪和人一樣，身體也有許多穴道。按摩時配合穴道的按壓，能更有效促進健康喔！

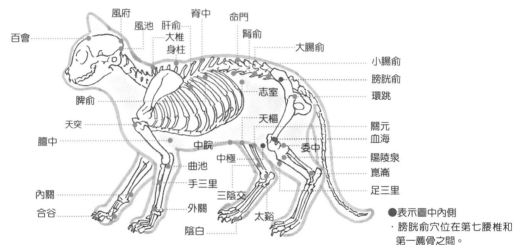

●表示圖中內側
· 膀胱俞穴位在第七腰椎和第一薦骨之間。
· 血海穴位在腳內側。
· 中極穴位在腹部中央。

＊貓咪的主要穴道和對應症狀

穴道	對應症狀	穴道	對應症狀
百會	容易興奮、神經過敏、壓力、便秘、鼻水	陰白	食慾不振、毛球
風府	感冒症狀	太谿	腎臟問題、膀胱炎、便秘、皮膚乾燥、腳發冷
風池	眼部疾病、初期感冒、鼻炎、聽覺障礙、壓力	手三里	食慾不振、口瘡
大椎	發燒、鼻血	足三里	後腳麻痺、嘔吐、腹瀉、消化不良、發燒、口瘡、食慾不振
身柱	感冒症狀、肺炎、支氣管炎、壓力		
脊中	腹瀉、消化不良	環跳	後腳麻痺、髖關節、膝蓋疼痛
命門	體力不足、虛弱	陽陵泉	肌肉、骨頭問題、促進肝臟、膽、神經、活絡全身經脈
天突	換氣過度、貓巨食道症或食道炎引發的嘔吐		
膻中	不安、壓力、心臟、呼吸道疾病、咳嗽、乳腺炎	血海	食慾不振、毛球
中脘	腹瀉、嘔吐、食慾不振、消化不良、便秘	委中	清血、腰痛、背痛
天樞	腹瀉	崑崙	脖子痛、腰痛、坐骨神經痛
關元	膀胱炎	肝俞	肝膽炎、壓力、促進肝臟功能
中極	膀胱炎	脾俞	促進脾臟功能、促進腸胃功能
曲池	發燒、咳嗽、上半身疼痛	腎俞	泌尿器官、生殖器官、腰痛、促進腎臟功能
外關	老年聽覺障礙	志室	促進腎臟功能
內關	促進腸胃等的功能、暈車、咳嗽	大腸俞	腰痛、便秘、促進排泄順暢
合谷	牙齦炎、口瘡、結膜炎	小腸俞	便秘
三陰交	促進肝臟、脾臟、活絡腎臟經脈、婦人病	膀胱俞	頻尿、排尿困難

減輕貓咪的身體不適
改善不適症狀的穴道按摩手法

喵嗚～
痛痛！

便秘、糞便偏硬

中脘
肚臍
天樞
天樞

以肚臍為中心，用溫暖的手輕柔地順時鐘方向畫圈按摩。

大腸俞
小腸俞

輕輕按摩大腸俞和小腸俞。

腹瀉、糞便偏軟

中脘
肚臍
天樞

以肚臍為中心，用溫暖的手輕柔地逆時鐘方向畫圈按摩。也可用指壓足三里穴。

膀胱炎、頻尿

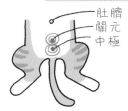

肚臍
關元
中極

以中極穴為中心，用溫暖的手畫圈按摩。亦可用溫溼布加溫。

百會
大椎
命門
腎俞
腎俞

輕輕指壓百會穴和大椎穴，慢慢往下按到命門穴。最後停留在腎俞穴四周畫圈按摩。

腎俞
大腸俞
膀胱俞
委中
崑崙

從腎俞穴、大腸俞穴、膀胱俞穴一路按摩到後腳的委中穴、崑崙穴。

腰痛、下半身沈重

腎俞
大腸俞
委中

慢慢撫摸脖子根部到尾巴末端。刻意畫圈按摩腎俞穴和大腸俞穴。若疼痛反應強烈時，別碰貓咪腰部，可按摩後腳的委中穴。

食慾不振

三陰交
曲池
手三里
合谷

從前腳的腳趾開始，沿著內側由下往上依序輕輕按摩合谷穴、手三里穴、曲池穴。亦可輕輕指壓三陰交穴。

口瘡、牙齦炎

曲池
合谷 手三里

依序指壓曲池穴、合谷穴、手三里穴。

※按摩只是輔助，出現以上症狀時，還是要前往獸醫院接受檢查。

認識貓咪的經絡

進行按摩時，順著經絡的走向，效果會更好。
因為經絡是氣與能量流動的通道，而穴道就位在經絡上。
貓咪有12條經絡互相連接循環，通過全身之後，再回到一開始的經絡上。
加上循環之外的督脈、任脈，貓咪體內的經絡總共有14條。

督脈

位置	>>>	從會陰到嘴巴上方為止，連接背部中央的部份。
主要功效	>>>	調節陽經（膽經、小腸經、三焦經、胃經、大腸經、膀胱經）的氣血流動。可以改善頻尿、後腳無力、腰痛、膀胱炎、慢性腹瀉等。
按摩重點	>>>	從頭頂撫摸按摩到尾巴末端。逐一握住尾巴的每節骨頭。

任脈

位置	>>>	從會陰到嘴巴下方為止，連接腹部中央的部份。
主要功效	>>>	調節陰經（肝經、心經、心包經、脾經、肺經、腎經）的氣血流動。有助改善腸道環境、幫助排尿、心情穩定、增加活力，且能減緩咳嗽或嘔吐。
按摩重點	>>>	當貓咪放鬆側躺時，可趁機幫牠順著毛輕輕按摩腹部。

肺 經

*前腳太陰肺經

位置	從胸腹部開始，經過前腳前側，由腋下出來到前腳第一根腳趾的趾根內側。
主要功效	調節呼吸器官和體內水分。能改善咳嗽、流鼻水、支氣管炎等。
按摩重點	沿著經絡指壓，揉捏第一根腳趾的趾根。

 大 腸 經

*前腳陽明大腸經

位置	從前腳第二根腳趾內側經過前側，往上直到相反方向的鼻翼。
主要功效	改善食慾不振、口瘡、牙齦炎、流鼻水等。
按摩重點	罹患口瘡、牙齦炎時，可依序指壓曲池穴、合谷穴、手三里穴。

 胃 脈

*後腳陽明胃經

位置	從鼻翼到眼睛底下的部份，以及從鼻翼經過腹部到後腳第二根腳趾。
主要功效	改善口瘡、腹瀉、胃炎、膀胱炎、毛球症、食慾不振等。
按摩重點	以拇指和食指握住後腳輕輕指壓。可特別加強指壓足三里穴。

 脾 經

*後腳太陰脾經

位置	從後腳第一根腳趾經過後腳前側，抵達鼠蹊部、腹部、橫隔膜，到胸部為止。
主要功效	改善食慾不振、毛球症等。
按摩重點	從腳趾內側沿著經絡，往上按摩乳頭。亦可連同大腸經一起按摩。

心 經

* 前腳少陰心經

位置 >>	從心臟開始，由腋下出來，往下到前腳內側，最後到達前腳第五根腳趾的內側。
主要功效 >>	促使氣血循環全身，主導精神狀態。改善壓力、便秘等。也可有效調整心臟功能。
按摩重點 >>	貓咪多半不喜歡讓人觸碰前腳，因此要輕輕撫摸。輕輕揉捏第五根腳趾的趾根。

 小 腸 經

* 前腳太陽小腸經

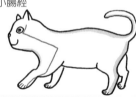

位置 >>	從第五根腳趾開始，由下往上行經前腳後側，經過手腕關節、肘關節、肩關節，到達脖子、眼睛、耳朵。
主要功效 >>	改善耳朵、眼睛問題等。
按摩重點 >>	頭部用拇指指壓。前腳則是輕輕指壓關節。

 膀 胱 經

* 後腳太陽膀胱經

位置 >>	從眼睛內側到後腦杓，經過脊椎兩側，到膝蓋後側、後腳第五根腳趾。
主要功效 >>	改善腰痛、結膜炎（乾眼症）、膀胱炎、尿道炎、腎衰竭、便秘等。
按摩重點 >>	用手掌或拇指緩緩按摩兩條從眼頭經過頭部、脖子、背部、尾巴根部、後腳到腳趾的經絡。

 腎 經

* 後腳少陰腎經

位置 >>	從後腳肉墊後方的凹處開始，往上經過後腳內側，挾著中線，抵達腹部、胸部。
主要功效 >>	儲備活力，調解水分代謝和呼吸。除了改善腎臟、心臟、呼吸器官疾病之外，還能夠改善後腳麻痺、腰痛等。
按摩重點 >>	輕輕指壓後腳肉墊後方的凹處。以2～3根手指從大腿內側到腹部、胸部輕輕撫摸。

心 包 經

* 前腳厥陰心包經

位置 >>>	從胸部中央開始，胸部腋下出來，經過前腳內側中央，到第三根前腳腳趾為止。
主要功效 >>>	保護五臟中心的心臟。改善呼吸的毛病及心臟病等。
按摩重點 >>>	讓貓咪彎起膝蓋，雙手從貓咪身後像是抱住前腳般的按摩。敏感部位可用指尖輕碰即可。

 三 焦 經

* 前腳少陽三焦經

位置 >>>	從前腳第四根腳趾內側往上到前腳後腳。從脖子根部往上到頭部側面，經過耳朵後方直達眼睛。
主要功效 >>>	改善麻痺、脖子歪斜、口瘡，及耳朵和眼睛問題。
按摩重點 >>>	用拇指緩緩伸展按摩眼睛和耳朵四周的皮膚。

 膽 經

* 後腳少陽膽經

位置 >>>	從眼角開始，經過耳朵後方、肩膀到體側、後腳外側中央，抵達第四根腳趾。
主要功效 >>>	幫助儲存膽汁，強化肝臟的作用。除了改善眼睛、耳朵、肝臟等問題，還能改善腰痛等。
按摩重點 >>>	用拇指抓揉頭部、脖子到肩膀。再包住後腳，從上往下輕輕握住。

 肝 經

* 後腳厥陰肝經

位置 >>>	從後腳第二根腳趾開始，由下往上經過後腳內側中央，直達下腹部、胸部。
主要功效 >>>	促進氣血流動，儲備血液。給肌肉和脊髓養分。改善眼睛、肝臟和消化等問題。
按摩重點 >>>	當貓咪放鬆露出肚子時，可像撫摸一樣輕輕按摩。

Chapter 5 喵！生病了，請好好照顧我！

消臭兼除蟲！
享受貓級芳香SPA

除了少數精油不適用於貓咪身上，
喵喵也很適合芳香療法，選對精油，
讓人貓的同居生活更放鬆！

適用稀釋的精油
**採噴霧或輔助道具
避免直接接觸**

　　一般情況下，貓咪也適用萃取自植物精油進行的芳香療法。但是有些精油如果貓咪直接接觸的話，會引發中毒，因此使用上必須小心。另外，即使不會引發中毒的植物精油，為了避免貓咪舔毛時，會吃下沾附在身體表面的物質，對身體有害，建議飼主不要直接使用原液，而是將精油稀釋後，做成噴霧再使用。

　　不過，如果不希望貓咪進入的地方如廚房等，也可以利用貓咪討厭的柑橘類香氣。將其稀釋後，噴在貓咪不會舔到的地方，讓牠們不願意主動靠近。

◀按摩時，記得挑我
喜愛的味道喔！

適合貓咪使用的精油種類

＊具有「抗菌、除臭」效果的精油
尤加利、薰衣草、胡椒薄荷、絲柏、薔薇木、乳香、檀香、香柏木、杜松等。

＊達到「除蟲」作用的精油
尤加利、天竺葵、胡椒薄荷等。

＊可以「舒緩壓力」的精油
薰衣草、洋甘菊、玫瑰等。

＊能「壓抑躁動個性」的精油
洋柑橘、伊蘭伊蘭、檀香等。

小叮嚀

「不適合」用在貓咪身上的精油

特別是「柑橘類精油」，可能引起貓咪中毒，千萬別誤用。

＊柑橘、檸檬、萊姆、葡萄柚、香櫞等柑橘類。

＊茶樹、丁香、肉桂、百里香、唇萼薄荷、牛膝草等。

自製芳香噴霧

材料＊純水100ml、精油10滴、噴霧瓶

做法

❶將純水倒入噴霧瓶。

❷挑選貓咪喜歡的精油，加入10滴混合。

使用方式

＊具備抗菌除臭效果的芳香噴霧，可噴在貓砂盆四周。

＊具備除蟲效果的芳香噴霧，可噴在玄關、紗窗等蚊子入侵的地方。

＊具備放鬆效果的芳香噴霧，可噴在房間裡，讓房間充滿香氣。

自製除蟲項圈

材料　裹在項圈的布、有除蟲效果的精油噴霧

做法

尤加利

天竺葵

❶使用天竺葵、尤加利等具有除蟲效果的精油製作芳香噴霧。

蟲蟲不敢靠近了！

❷將芳香噴霧噴在布上，捲在項圈上使用。

來個芳香浴吧！

材料　薰香燈（插電式）、精油（4～5滴）

做法

插電式

❶避免使用點蠟燭的薰香燈，改用插電式，擺在貓咪無法搗蛋破壞的地方，滴上數滴精油，讓它飄香。每次使用不超過30分鐘。建議使用薰衣草、洋甘菊等精油。

放在貓咪搆不到的地方

❷家裡沒有薰香燈的話，可在馬克杯中裝熱水，滴入幾滴精油也可以。

定時刷毛、洗澡

和愛貓建立信任感！
貓咪刷毛護理技巧

刷毛和洗澡是保持貓咪清潔
與健康的重要工作。
可拉近飼主與貓咪的距離喔！

養成每天刷毛的好習慣！
讓喵喵擁有亮澤、蓬鬆的披毛！

　　貓咪雖然會自行理毛，不過有些地方自己舔不到，必須飼主幫忙。尤其是老貓，動作愈來愈不靈活，更需要飼主的協助，建議從幼貓時期就開始培養良好的刷毛習慣。

　　因為定期刷毛能有效促進健康，特別是春天和秋天的換毛季節，會有大量披毛脫落，必須更頻繁地刷毛。刷毛時，飼主也可以同時確認貓咪的健康狀況，尤其是長毛貓，如果沒有每天刷毛的話，容易累積毛球。

刷毛的好處

有益健康

給予皮膚適度的刺激，能夠促進換毛，讓毛變得更有光澤。

預防毛球症

可減少貓咪自己理毛時吃下的毛量。

早期發現疾病

定期接觸貓咪身體，可及早發現身上的腫塊或其他病徵等。

清理掉毛

防止貓咪掉毛弄髒房間。

互動接觸

建立人貓良好關係。

小叮嚀

＊常用的刷毛工具

扁梳

密齒部份適合用來梳開貓毛，或是理毛時的最後步驟，可防止長毛貓的毛打結。

針梳

用來刷全身的毛很方便，方便梳下掉毛，短毛貓和長毛貓都適用。

刷毛噴霧

防止刷毛時產生靜電，讓毛髮更有光澤。

短 毛 貓 的 刷 毛 方 式

短毛貓建議每週刷毛1次以上。換毛期最好每週2～3次。
刷毛前記得先拿下項圈。

❶ 放鬆

刷毛前先撫摸臉部和全身，讓貓咪放鬆。

❷ 喉嚨

先用針梳刷過貓咪自己舔不到的喉嚨。

❸ 脖子四周

帶項圈的貓咪，這部份要仔細梳理。

❹ 胸口

從下巴刷到胸部。這時如果貓咪的鬍鬚豎直，表示牠很享受喔！

❺ 臉部四周

刷刷額頭、頭部和臉頰。

❻ 背部

從頭部朝著尾巴，順著毛髮輕梳背部。

❼ 肚子

讓貓咪翻身仰躺刷肚子。

❽ 四肢

前腳、後腳都是從大腿根部朝腳趾方向刷毛。

❾ 尾巴

從尾巴根部往末端刷毛，就完成全身的刷毛工作了。

長 毛 貓 的 刷 毛 方 式

長毛貓容易產生毛球，建議每天都要刷毛。
處理毛球的部份必須更用心，飼主可找幫手一起協助進行。

---

❶ 放鬆

首先摸摸貓咪，讓牠放鬆。

❷ 頭部

用扁梳從頭部開始梳起。

❸ 背部

從背部朝向臀部順毛梳。

❹ 肚子

順毛輕輕梳肚子。

---

❺ 尾巴

從尾巴根部梳到末端。

❻ 臀部四周

提起尾巴，梳開臀部四周的毛。

❼ 下巴、胸口

抓住下巴，從喉嚨往胸口梳開。

❽ 前腳

從前腳大腿根部朝著腳趾方向把毛梳開。

---

❾ 後腳

後腳也從大腿根部依序梳向腳趾。

❿ 腋下

讓貓站著，仔細梳開腋下的毛。

⓫ 臉部四周

整理額頭和臉部四周。

⓬ 用針梳刷全身

最後用針梳刷過全身就完成了。

那些部位容易產生毛球？

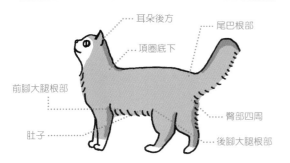

- 耳朵後方
- 尾巴根部
- 項圈底下
- 前腳大腿根部
- 臀部四周
- 肚子
- 後腳大腿根部

處理毛球的重點

1

發現披毛糾結在一塊時，將扁梳從根部插入，再一點一點地梳開。

2

毛球太硬，無法梳開時。

3

沿著毛球的毛根剪開，避免傷到貓咪的皮膚。

4

再按著皮膚，用扁梳把剪掉部位的披毛梳開。

＊手腳的特殊處理

長毛貓的肉墊如果毛太長，很容易滑倒，這時就要用指甲刀或剪刀剪掉多餘的長毛部份。

咔嚓

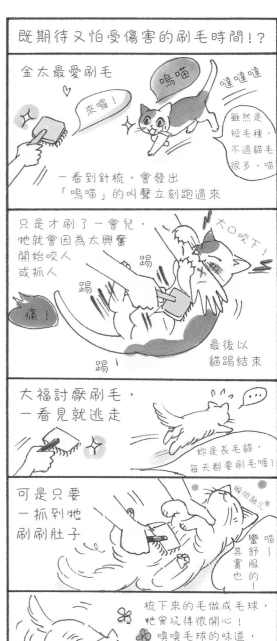

既期待又怕受傷害的刷毛時間！？

金太最愛刷毛

嗚喵

來囉！

嗞嗞嗞

雖然是短毛種，不過貓毛很多，喵

一看到針梳，會發出「嗚喵」的叫聲立刻跑過來

只是才刷了一會兒，他就會因為太興奮開始咬人或抓人

大口咬下！

痛！

踢

踢

踢

最後以貓踢結束

大福討厭刷毛，一看見就逃走

妳是長毛貓，每天都要刷毛喔！

可是只要一抓到他刷刷肚子

瞬間融心

喵～其實也蠻舒服的！

梳下來的毛做成毛球，他會玩得很開心！嗅嗅毛球的味道，還會露出不可思議的表情喔！

當貓咪身上有明顯污垢時，代表要洗澎澎囉！

幾乎所有的貓咪都不喜歡洗澡，因為牠們討厭被弄濕。其實如果有定期刷毛的話，不一定要經常洗澡。但是皮脂分泌旺盛、毛容易扁塌或是披毛髒污明顯的長毛貓，就得經常洗澡了。從幼貓時期開始養成習慣，洗澡時不一定要用潤絲，不過長毛貓的話，還是使用潤絲比較好。

Check！貓咪洗澡的重點

- ☐ 事先剪指甲
- ☐ 用溫水洗澡
- ☐ 避免沐浴乳殘留，免得造成皮膚問題！
- ☐ 必須完全吹乾

貓咪拒絕洗澡，怎麼辦？

碰上討厭洗澡的貓咪，該如何保持乾淨呢？建議可用溫毛巾替貓咪擦拭身體。另外，如果貓咪身體出狀況，造成肛門四周髒兮兮的時候，也可用熱毛巾輕輕擦拭乾淨。

＊貓咪的洗澡工具

扁梳
浴盆
吹風機
貓咪專用沐浴乳
Shamp
毛巾
針梳

(142)

幫愛貓洗香香的重點！

❶ 剪指甲
為了避免被貓抓傷，應該事先剪指甲。

❷ 刷毛
刷除掉毛和髒東西。

❸ 全身打溼
將貓放入浴盆裡，用溫水打溼身體。

＊討厭洗澡的貓咪

可用水瓢舀水淋浴。

❹ 抹上泡泡
先在手上將沐浴乳弄成泡沫後，再抹到貓咪全身。

❺ 清洗脖子、胸口
以手抹開泡沫清洗。

❻ 清洗背部、腹側
清洗背部和腹側。

❼ 清洗肚子
別忘了肚子側邊也要仔細清洗。

❽ 洗腳
從前腳、後腳的大腿根部
朝著腳趾清洗。

❾ 清洗腳趾
手輕握腳趾，仔細撥開每
隻腳趾清洗。

肛門腺的特殊處理

貓咪的肛門腺裡會累積肛門
膿。洗澡時記得用手擠壓肛
門腺出口的白色部份，加強
清潔。

以肛門為中
心，肛門腺
大約位在8
點20分的
位置

❿ 清洗屁股和尾巴
清洗臀部四周和尾巴。

⓫ 沖洗全身
用小水流的溫水仔細沖洗
全身。

⓬ 刷除水分
撫摸全身刷除水分。

⓭ 弄掉尾巴上的水
手輕握尾巴，刷掉水分。

⓮ 用毛巾擦拭
用毛巾完全包覆貓咪，擦
拭乾淨。

⓯ 擦拭臉部四周
臉部四周用毛巾擦乾淨。

＊兩人合力進行更順利

大 功 告 成 囉！

呼～
終於鬆口氣！

⓰ 吹乾
吹風機拿遠一點，吹到皮
膚全乾。

可以兩人分工合作，一人
負責用吹風機吹乾，另一
人負責用扁梳梳毛。

做個乾淨的喵孩子！
各部位的清潔與護理

有些貓咪很討厭身體梳理，
不過，成貓也可以一點一點地慢慢嘗試！

 梳理身體時，順便進行檢查
讓貓咪保持整潔和健康

　　身體梳理不只是為了保持乾淨，也可以確認貓咪的健康狀態。一般情況下，眼睛、耳朵、鼻子只有髒污時需要清理，但是如果髒污的頻率太高時，代表貓咪可能是生病了。剪指甲也是每隻貓都需要的梳理工作，飼主可以在家多多練習。

清理耳朵

耳朵裡頭有髒污時，才需要清理。萬一耳朵的深處出現髒污，可能是罹患了外耳炎，要盡快看醫生。

◀用棉花沾上溫水或耳朵清潔劑，只要擦拭能夠看見的區域，不用擦到耳朵裡頭，避免弄傷貓咪。

清理眼睛

發現有眼屎時就協助清除。如果眼屎或眼淚過多時，要帶去醫院檢查。

◀有眼屎時，用溫水沾濕棉花擦拭眼頭

清理鼻子

平常在家可擦擦鼻水，進行清理。碰上鼻子有異狀時，應該盡早就醫。

▲有鼻屎或鼻屎太硬時，可用溼棉花擦除

▲鼻炎時，可用面紙捲成細條刺激鼻子打噴嚏，同時噴出累積在內的鼻水

剪指甲

替貓咪剪指甲可以減少貓咪磨指甲時對房間造成的破壞，也可避免牠抓傷人。另外，也可預防貓咪的爪子被東西勾住，或是指甲過長刺進肉墊裡面。建議前腳每個月剪2次，後腳每個月剪1次。

血管

只剪尖端部份就好，
小心傷到血管。

❶

握住腳趾，按壓指甲根部
露出指甲。

❷

以指甲刀剪去尖端。

❸

這樣就完成囉！

＊修剪指甲的工具

貓用握剪

會移動的刀刃在上方，指甲放入洞裡剪下。也可以用一般的指甲刀。

止血劑

不小心弄傷時，可將止血劑的粉末塗在傷口止血。或是用麵粉臨時代替，再盡快帶去醫院處理。

剪指甲的標準姿勢

仰抱

從上方剪

碰上貓咪掙扎時

用毛巾包住

裝入洗衣袋，只露
出指甲

貓咪經常罹患牙結石、牙周病等。一旦惡化，牙齒就會脫落，甚至無法吃飯。為了預防這種情況發生，貓咪平時必須勤刷牙。飼主可詢問獸醫院，利用牙刷、紗布、潔牙液等工具，協助貓咪清潔牙齒。

▼用紗布刷牙

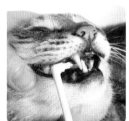

▼貓咪專用牙刷

牙刷和紗布

潔牙液

潔牙棉花、潔牙片
和凝膠

口腔清潔劑

潔牙片

潔牙凝膠

潔牙口香糖

貓咪受傷了怎麼辦？
意外急救小百科

貓咪意外受傷或遭遇突發狀況時，
必須馬上進行緊急處置，
再盡快送醫！

這個很管用喵～

意外發生時…
第一時間的處理對策

　　萬一貓咪受傷、出意外或是碰到必須緊急處理的症狀時，送往獸醫院之前，飼主應先做緊急處置，避免延誤搶救時機。即使養在室內，貓咪也有可能中暑或燒燙傷，類似危急意外發生時，飼主可以先打電話給獸醫師聽從指示，在家進行初步的急救處理，再盡快送醫。

▲家裡有沒有幫我準備專用的急救包呢？

貓咪專用急救包

家中要準備喵喵專用的急救包，最好擺在方便立刻取用的地方，建議可以跟梳理工具擺在一起。

紗布、脫脂棉花	平日清理或處理傷口等用途。
繃帶、OK繃	割傷、受傷時
棉花棒	擦藥使用
滴管、針筒	餵水或藥水時
純水	用來清洗患部、弄濕紗布等
毛巾、浴巾	擦拭或包裹貓咪全身等
寵物尿布墊	因應緊急情況的排泄
防護頸圈	避免貓咪舔傷口
剪刀	剪繃帶或貓毛等
鑷子、拔毛夾	拔除尖刺等
指甲刀、止血劑	平日清理使用
暖暖包、冰袋	要緊急替身體保暖或降溫時
耳朵清潔劑	清理耳朵
體溫計	確認健康情況

出血

壓住傷口止血

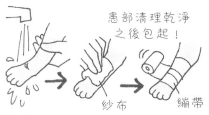

患部清理乾淨
之後包起！

紗布　　繃帶

★出血時，首先確認傷口。出血量少的話，先用流動的清水清洗，再以紗布和繃帶包住。
★如果沒有停止流血的話，傷口清理乾淨後，用乾紗布按住傷口，加壓止血。
★血流不止時，繼續壓住傷口並送往醫院。嚴重出血時請按住比傷口更靠近心臟的部位。

中暑

用溼毛巾替身體降溫

稍微擰乾

水裡或放入冰塊
或保冷劑

★盛夏密閉的房間裡，溫度會飆高，獨自看家的貓咪可能會中暑。或是夏天長時間待在車內、外出包，也有中暑的風險。
★發現貓咪張開嘴巴痛苦呼吸，或是意識模糊時，應該立刻把牠們移往涼快的地方，用溼毛巾幫助牠們降溫，讓貓咪喝水或脫水專用的飲料。嚴重時，降溫的同時就要緊急送醫。

抓傷

清理傷口的髒東西

醫院

★如果同時飼養很多隻貓咪，或是牠們離家碰到外面的貓咪時，很有可能會打架，這時要小心牠們身上會出現抓傷或咬傷。
★為了避免傷口碰到毛而化膿，傷口四周最好用剪刀等剃毛後清理髒污，再以紗布或脫脂棉花沾水或消毒液清理患部，包上紗布和繃帶後，帶到醫院進一步檢查。

眼睛出現不適狀況

戴上防護頸圈，避免貓咪搔抓

不戴防護頸圈，
就要剪掉貓咪拇指的指甲

★眼睛充血、眼淚直流或是眼睛整天閉著，上述情況可能是異物跑進貓咪眼睛，可以試著用清水清洗眼睛。
★如果沒辦法自行處理，也別勉強，帶到獸醫院治療就好。
★眼睛不適時，為了防止貓咪搔抓眼睛，建議替牠戴上防護頸圈。如果出血時，用紗布按著止血後，立即前往醫院。

燒燙傷

立即降溫，馬上送醫

將冰塊裝進塑膠袋內
製成冰袋

★發生熱水燙傷等燒燙傷時，立刻用溼毛巾或乾毛巾包著冰袋、冷卻劑等進行冰敷降溫。而且是一邊降溫、一邊送醫。
★但也要預防降溫過度，最好能隨時測量體溫，避免降至38度以下。如果貓咪出現驚慌反應，用溼毛巾包裹起來降溫，也可以避免牠掙扎亂動。

骨折

固定患部是關鍵！

別讓貓咪亂動，盡快送醫！

毛巾、毯子　　　或是　裝進洗衣袋裡

★留意到貓咪拖著腳無法走路，或是一摸就痛時，可能骨折了。這時如果隨便觸碰患部可能會傷害到血管或神經，必須盡量避免發生振動。
★最好用夾板將傷處固定。如果是腳的話，可用竹筷子固定。萬一下半身癱瘓或全身動彈不得，讓牠躺在板子上，固定後送醫。

停止呼吸

按住嘴巴，對鼻子進行人工呼吸

★把手伸到鼻子前面，如果沒有呼吸，就是呼吸停止了。急救的第一時間要讓貓咪側躺，進行人工呼吸。
★手按住嘴巴，對著鼻孔，每隔3秒吹一次氣。重複幾次，等待貓咪恢復呼吸。如果心臟也停止跳動時，得讓貓咪仰躺，雙手從兩側腋下夾住心臟，每分鐘壓迫30次，與人工呼吸輪流進行。

觸電

先排除電源，再碰觸貓咪

先拔掉插頭

★貓咪常因貪玩電線或是插頭而觸電。這時如果直接用手摸貓，也會觸電，記得急救前務必拔掉插頭。
★先確認貓咪的呼吸和心跳，如果停止的話，對貓咪進行人工呼吸和心臟按摩。若是呼吸、心跳太快的話，讓貓咪仰躺，張開嘴巴，拉出舌頭，保持呼吸道暢通。以上處理完畢後，立刻送醫。

誤吞異物　立即取出異物

貓咪吞下異物，呼吸變得困難時，最重要的是立刻取出異物。單手撬開嘴巴，另一隻手的手指伸進口中或用鑷子取出異物。如果還取不出來時，抓住後腳、頭下腳上揮舞，幫助貓咪吐出來。萬一吞入的是細線或繩子狀的物品，硬扯出來可能會傷害食道和胃，建議直接送醫處理。

溺水　幫助貓咪把水吐出

貓咪如果不小心跌進浴缸或落水，就會驚慌失措。一旦水進入肺部會造成危險，必須立刻將牠從水裡救起來。如果被水嗆到，可以抓著後腳、頭下腳上的倒立，搖晃牠的身體，幫助貓咪把水吐出來。萬一沒有呼吸，則需進行人工呼吸。

痙攣　讓牠躺在寬敞的場所

貓咪發生痙攣時，為了避免受傷，應該淨空四周，用毯子包裹著貓咪，等待牠恢復平靜。一般來說，很快就會靜止下來，之後再送醫。如果出現連續痙攣數分鐘不停的情況，必須緊急送往醫院進一步檢查，恐怕是腦瘤、肝病等。

跌落、交通意外　先處理傷口再送醫

流血或受傷時應立刻處理，再盡快送醫。如果口中有嘔吐物，得先清理乾淨，接著固定在板子上或裝入外出包裡，避免亂動，前往獸醫院治療。即使外觀上沒問題，仍可能有內臟出血。最好持續觀察2～3天，如果出現食慾不振、沒精神等症狀，應該立刻就醫檢查。

小心中暑！

養在室內的貓咪們最怕夏天了！

主人外出時，如果家裡沒有冷氣，牠們可能會因此熱死

室內40度C以上

打開冷氣嘛……

受傷了……！！

有一天鮭魚卵不小心跑出去！幸好平安無事回來，正感到安心時……

幾天後，牠拖著腳走路…6帶牠到醫院檢查，才知道受傷了，裡頭有很多膿啊……！！

因為貓毛遮住了傷口！

後來雖然治好了

舔
舔

牠似乎養成習慣，老愛舔那個位置，結果傷口好了，那裡還是光禿禿的

這樣就安心了！

家貓不保證會乖乖地待在家裡所以一定要施打疫苗！

如何餵貓咪吃藥呢？
愛貓生病的看護重點

貓咪生病了，飼主應該遵照獸醫師指示，
確實餵藥或是配合採取飲食療法，
給予細心的關懷和照料。

 擔任病貓的貼心看護者
適當調整飲食，
同時觀察貓咪服藥的情況

　　如果醫生要求飼主配合治療餵食，就必須從日常食物開始，建議吃飯調整為一天2次。藥粉、藥水可混入溼食或飲水，亦可使用餵藥輔助食品。

　　當貓咪身體不舒服時，通常會躲起來。這時別勉強摸牠，等牠自己過來撒嬌，再溫柔地摸摸牠或是幫牠按摩（參考P.128）。

測量體溫

一手抓著尾巴，將沾濕的體溫計插入肛門測量。貓咪的正常體溫是38～39度。

測量心跳次數

讓貓咪躺下，手抵著胸口。正常心跳是每分鐘120～180下。建議平日精神好的時候，就經常測量，減少抗拒反應。

如何餵食「藥錠」

❶
一個人從後頭扶著，另一人幫忙把臉往上抬起。

❷
嘴巴張大，將藥錠放入口腔深處。不能擺在舌頭上，會被吐出來。

❸
朝上閉起嘴巴，確認喉嚨出現「吞嚥」動作就完成了。

如何「吃藥粉」

1 用餵藥輔助食品或加入蜂蜜調成泥狀，比較容易餵食。

2 將泥狀的藥塗在上顎內側，貓咪會自然地舔下去。

如何「喝藥水」

舔

3 臉朝上，用針筒從嘴邊送入。

4 貓咪若舔個不停，表示藥水已經喝下去。

餵藥輔助食品

討厭吃藥！

點眼藥水

把臉按住，從眼角點藥。避免被貓看見的訣竅是從旁邊點藥。

藥？不藥？貓咪兩樣情！

沙拉拉最討厭吃藥

好吃的食物 就算把藥混入貓食裡，他也絕對不吃

肚子好餓啊！但我偏不上當……

用針筒把藥勉強送進喉嚨深處，也會被吐出來

擔心他脫水，最後只好停止餵藥

眼睛不舒服

金太很單純……

大口吃

一下子就塞進去，摸摸喉嚨，他乖乖地把藥吞下去囉！

大福的眼睛經常出狀況

會完起不手的會的呢就是？揉眼睛經常舔引

點眼藥水可以改善

慢性病、內臟功能衰退等

...

對貓咪來說，經常上醫院也是壓力喔！可以跟醫師商量，有些獸醫會同意飼主在家幫貓咪吊點滴

了解貓疾病的警訊 完善治療及預防方式

認識貓咪經常罹患的疾病，了解疾病的症狀和原因，就能及早發現、盡早治療。

眼睛和耳朵的疾病

結膜炎、角膜炎 貓咪因異物進入眼睛時，會拼命用前腳碰觸眼睛，造成發炎。眼皮、眼睛四周紅腫，眼屎和眼淚變多，惡化時眼睛甚至睜不開。結膜或角膜如果受傷過重，恐怕會造成失明。另外皰疹、卡里西病毒、細菌或沐浴乳等，也可能引起眼疾。

治療及預防＊剪短指甲，戴上防護頸圈保護眼睛。以抗生素、眼藥水等治療。

視網膜病變 主因是遺傳，貓咪如果缺乏必須胺基酸的「牛磺酸」或是其他眼疾也可能造成病變。眼睛後側的視網膜變形會導致視力障礙。通常遺傳造成的「惡化性視網膜萎縮症」在幼貓時還不嚴重，但視力會逐漸衰退，到2～4歲時就完全失明了。很多貓咪在視力不佳的初期，還是能正常生活，使飼主疏忽了病情的惡化。其實這種病是可以事先診斷的，因為牠們的瞳孔即使照光也不會縮小。

治療及預防＊如果是營養問題造成，還有機會改善，給予綜合營養食品的貓食，可預防此病發生。

眼瞼內翻 眼瞼內翻，導致睫毛經常刺激眼球表面，造成角膜損傷。貓咪也會經常覺得痛，養成瞇著眼睛的習慣。波斯貓、喜瑪拉雅貓、蘇格蘭摺耳貓等

短吻種，都屬於流淚症的好發族群，以至於牠們眼頭的毛容易被眼淚染成紅色。

治療及預防＊動手術將內翻的眼皮往外翻，或是點眼藥治療。

白內障 波斯貓、喜瑪拉雅貓、英國短毛貓等均容易遺傳此病。其他品種的貓咪倒是較少有老年性白內障，如果發病，多半是因為外傷、青光眼、葡萄膜炎、水晶體脫臼、糖尿病。或是貓咪打架、發生意外，導致眼睛重傷變成白內障或是失去視力。

治療及預防＊進行水晶體摘除手術，如果惡化速度緩慢，也可用眼藥或健康補給品治療。

外耳炎 細菌、真菌、寄生蟲、外傷、過敏等引起。有時累積太多黑褐色的耳垢，會一直搔抓導致發炎。耳朵較不通風的蘇格蘭摺耳貓、美國捲耳貓，則常因為耳疥蟲寄生所導致。有時搔抓過度甚至會讓血液堵塞在耳翼，變成耳血腫。

治療及預防＊對症施以耳朵外用藥、抗生素。平日也要常清潔耳朵的污垢，留意牠們的氣味或是否經常會用後腳搔抓耳朵。不過，用棉花棒清潔耳朵過度也會造成發炎，要特別留意。

口腔和牙齒的疾病

牙周病 　經常發生在沒有刷牙的貓咪身上。附著在牙齒上的食物殘渣變成牙垢、牙結石，引起牙齦發炎。導致牙齦紅腫、出血、口臭強烈，嚴重的話會出現牙齒鬆動、掉落、無法吃飯等情況。

治療及預防 ＊勤刷牙可預防。如果有症狀則可清除牙結石、拔牙、利用抗生素和消炎鎮痛藥治療。或是請獸醫院推薦不易長牙結石的貓飼料，也很有效。

口瘡 　出自感染、營養攝取障礙、腫瘤等。症狀是口腔內紅腫、疼痛、流口水、磨牙等。慢性口瘡會造成嘴巴四周被口水染得變色、發出惡臭。染上貓白血病毒、貓免疫不全病毒的貓咪經常有此問題。

治療及預防 ＊勤刷牙有助於預防。注射干擾素或維生素、乳鐵蛋白等乳酸菌也有效。如果是其他疾病引起口瘡，也要同步治療。

傳染病

貓病毒性鼻氣管炎 　原因是皰疹病毒，主要症狀有咳嗽、打噴嚏、發燒、流鼻水等。環境改變或營養不足導致免疫力下降，就容易發病。除了剛到家裡來的幼貓之外，剛搬家的成貓也需要留意。

治療及預防 ＊利用疫苗預防。配合症狀治療，隨時注意補充營養。

貓白血病毒感染症 　起因是反轉錄病毒造成免疫力下降。會發生口瘡、敗血症、肺炎等感染，也會誘發白血病和淋巴結腫大等。除了母傳子的傳染之外，也可能因為接觸到染病貓咪的唾液而傳染。

治療及預防 ＊目前沒有具體的治療方法，只能緩和症狀。可接種疫苗預防感染。幼貓接受抗原檢查時，必須在一個月之後進行複檢。

貓卡里西病毒感染症 　病毒感染造成的呼吸道傳染病。症狀有發燒、打噴嚏、流鼻水、食慾不振等。一旦出現口瘡或舌頭、口腔潰瘍，就會無法進食。呼吸道黏膜的發炎情況拖太久的話，還會造成鼻子變形。

治療及預防 ＊以抗生素、干擾素治療。出生2個月之前接種疫苗可預防感染。

貓傳染性貧血 　血巴東蟲透過壁蝨、跳蚤為媒介，趁著吸血時進入體內，寄生在紅血球表面，大量破壞紅血球，引起貓咪貧血，且出現發燒、食慾不振、憂鬱、黃疸等症狀。

治療及預防 ＊服用抗生素、輸血及吸氧氣治療。驅除跳蚤、蝨子也是預防方法之一。

貓泛白血球減少症(俗稱貓瘟) 　貓小病毒所引起。由染病貓咪的屎尿傳染，2週內就會發病。症狀有腹瀉、嘔吐、高燒等。治療太慢而脫水的幼貓死亡率很高。特徵是白血球大量減少，可透過糞便中的抗原檢查進行診斷。

治療及預防 ＊利用點滴、干擾素及抗生素等治療。接種疫苗可預防感染。

貓免疫不全病毒感染症(俗稱貓愛滋) 　慢病毒感染所導致。除了因為貓咪彼此打架或交配傳染之外，母貓也會傳染給幼貓。可前往獸醫院進行抗體檢驗確認。染病貓咪的免疫力差，好發慢性口瘡、鼻炎、皮膚炎、腸炎等。末期會嚴重貧血、變瘦、出現惡性腫瘤及傳染病。但是，只要保持環境乾淨，給貓咪充足的營養，也許不會發病，能夠活到平均壽命。

治療及預防 ＊沒有治療方法。只能在無壓力的環境下飼養，並且餵食營養充足的貓食，盡量抑制發病。一旦生病或受傷時，要盡早就醫。預防方法是不要接觸染病貓咪、以及盡量不外出。

貓傳染性腹膜炎 　病因來自貓冠狀病毒或是接觸染病貓咪的唾液、鼻水、屎尿等。雖然發病機率低於5%，但一旦發病，可能會出現兩類情況，一種是腹部或胸腔積水引發腹膜炎或腸炎，另一種是神經或眼睛出現症狀。萬一發病的話，死亡率很高，貓咪會因為反覆發燒、食慾降低、嘔吐、腹瀉、脫水等症狀逐漸衰弱。一般來說，多隻飼養比單獨飼養、純種比混種貓更容易發病，可透過抗體檢查是否感染。

治療及預防 ＊沒有治療方式，也沒有預防疫苗，只能進行緩和治療或施予干擾素。染病的貓咪如果在無壓力環境中生活的話，可以預防發病的機率。

皮膚疾病

過敏性皮膚炎

起因是室內灰塵、熱帶鼠蟎、花粉、黴菌等。貓咪從口腔或鼻子吸入前述物質，或是碰到皮膚，引發的過敏反應。尤其是臉、耳朵後方、脖子等會嚴重搔癢。如果是食物過敏造成，則會出現嘔吐、腹瀉等消化器官症狀。

治療及預防＊接受過敏檢查，消除過敏原。可利用類固醇、免疫抑制劑、抗組織胺、減敏治療等治療。

長痘痘、尾腺炎

下巴出現類似黑色顆粒的皮脂，代表長痘痘，也是身體異味的根源。雖然算不上異常，不過脂肪過多時很容易出現。尾腺炎則是尾巴根部靠近背部的地方，出現大量皮脂，引起貓咪經常舔舐，造成惡化。

治療及預防＊感染時要給予抗生素。並用溫水或尾腺炎專用沐浴乳幫貓咪洗澡。

蟲咬症

被蚊子叮咬引起搔癢造成出血或體液結痂。與過敏引起的皮膚問題不同，經常發生在耳翼外側、鼻樑等披毛較少量的區域。

治療及預防＊可利用類固醇，或服用抗生素避免二度感染。亦可花點心思（點蚊香、裝紗窗、噴驅蚊水、將貓養在室內等）預防被蚊子叮咬。

心理因素脫毛症

可能是感染、外傷、藥物造成，或是荷爾蒙失衡、過敏、壓力等引起。有時候也可能是因為梳理保養不當，反而導致脫毛。主要發生在腹部，也可能出現在會陰、前腳、後腳、頸部等部分。

治療及預防＊只要對症給予鎮定劑、抗憂鬱藥或荷爾蒙藥等，再戴上防護頸圈就能讓披毛重生。

皮膚絲狀菌症

原因是感染皮膚絲狀菌，這種皮膚病也會傳染到狗狗或人類身上。特徵是沒有搔癢感覺卻有圓形禿。除了接觸到染病動物之外，也可能是接觸到沾了毛或皮屑的梳子而感染。經常發生在幼貓、免疫力差的貓以及波斯貓身上。

治療及預防＊利用抗真菌劑、藥浴治療。平常勤打掃、使用空氣清靜機、注意梳子的清潔，可預防感染。

泌尿器官疾病

泌尿道感染

泌尿道（腎臟、輸尿管、膀胱、尿道）發生細菌感染，造成尿排不出來或漏尿的疾病。一旦細菌感染後，容易結石，結石塞住尿道導致尿液排不出來（尿道結石），貓咪很可能死於腎積水或腎衰竭。
健康貓咪的泌尿道很少發生細菌感染，但是免疫力差、糖尿病或泌尿道畸形、壓力等誘因，會增加感染的機率。特別一提，貓咪容易因為環境改變而感覺有壓力，有時寄放在寵物旅館或是客人來訪後，會出現排尿困難或血尿等情況。

治療及預防＊藉由給予抗生素、改善貓食、增加飲水量等因應。平常要保持清潔，同時讓貓咪適度運動，都是預防的好方法。

尿石症

尿石會破壞膀胱、尿道的柔軟黏膜，引起血尿或頻尿。如果延誤處置的話，還可能因為尿石阻塞導致無法排尿，引發腎衰竭造成死亡。當出現頻尿，或是擺出排尿姿勢卻沒有排泄時，就應該盡早就醫。
經常發生在喜歡乾食，不太喝水，養在室內缺乏運動的貓咪身上。公貓因尿道較窄，一旦罹患此病，病情會較嚴重。

治療及預防＊對付膀胱炎可利用抗生素、消炎藥、止血劑等治療。萬一結石太大時，可能需要動手術。預防方法是透過尿液檢查分析結石成分，再挑選適當的食物。另外讓貓咪多喝水、經常陪貓咪玩耍運動，也很有效。

腎臟衰竭

初期的症狀是尿量增加、飲水量變多等。然後體重會減輕、食慾不振。最後演變成尿毒症，會有嘔吐等症狀。發現類似狀況，可以透過血液和尿液進一步確診。

治療及預防＊利用打點滴、血液透析、腹膜透析等治療。同時多攝取容易消化的優質蛋白，進行控制鹽分和磷的飲食療法。

消化器官疾病

腹瀉　糞便像水一樣稀，摻雜血液和黏膜。沒有精神和食慾，甚至伴隨嘔吐。健康時一天排便1次，排出的糞便較硬，但是一天排便3次以上代表可能罹患消化器官的疾病。

病因是寄生蟲、病毒、細菌或飲食內容改變、異物、壓力等。慢性腹瀉可能與胰臟炎、腫瘤、過敏、甲狀腺機能亢進等有關。

治療及預防＊就醫時，建議帶著糞便前往。可服用止瀉藥、抗生素、飲食療法、打點滴等治療。

胰臟炎　急性胰臟炎是感染或腹部遭重擊等造成胰臟損傷，引起腹膜炎。貓咪會因為疼痛而無精打采，討厭被抱起。還會出現食慾不振、嘔吐、腹瀉、脫水等症狀，嚴重時甚至會陷入休克或昏睡。食慾時好時壞，體重逐漸減輕。

治療及預防＊打點滴、給予消炎藥或止痛藥。同時必須治療其他併發症。改餵脂肪含量低的適當食物，可有效預防與治療胰臟炎。

巨結腸症　結腸擴大，造成像人類拳頭這麼大的糞便堵塞，導致擺出排便姿勢卻沒有排便等嚴重的便秘症狀。其他症狀還有食慾不振、嘔吐、脫水、無精打采等。此病會造成腎臟和肝臟負擔，有時甚至會危及性命。

治療及預防＊利用改善消化功能的藥物、瀉藥、浣腸、手挖糞便等治療。

胃腸內有異物　玩耍時誤吞異物，刺激胃部或堵塞腸道。主要症狀是腹瀉、無精打采。常被誤吞的異物有繩子、線、布、玩具老鼠、牙籤、橡皮筋等。

治療及預防＊利用催吐劑催吐，或以內視鏡手術取出。平日盡量別讓貓咪單獨玩上述的東西避免誤食。容易引起中毒的植物（參考P.69）也要小心貓咪誤吞。

肝炎　細菌、病毒、寄生蟲造成感染，或是營養不足、吃下藥物、化學物質引起中毒等，都可能導致肝臟發炎。輕度發炎並沒有症狀，必須透過血液檢查、超音波檢查才會發現。長期發炎則可能會出現食慾不振、無精打采、嘔吐、腹瀉、體重減輕等症狀，嚴重時會有黃疸、體內出現腹水等。

治療及預防＊打點滴注射強肝劑、施打抗生素、驅蟲劑或是給予適當的食物等治療。

生殖器官疾病・惡性腫瘤

乳腺瘤　摸摸乳腺，感覺到腫塊或硬塊時，很可能長腫瘤。或是雖然沒懷孕，但乳頭卻流出奶水或淋巴結腫大等症狀時，也要留心。一般來說，貓咪的腫瘤有70～90%的機率是惡性。一旦腫瘤變大，會影響後腳的血液循環，或是轉移到肺部，必須盡早就醫。

治療及預防＊動手術摘除乳腺。結紮有助於預防。

淋巴瘤　淋巴結腫大的原因，有60%是因為貓白血病毒所造成，根據發病位置不同，可分為多中心型、消化器官型、皮膚型、縱隔腔型（胸腺型）。另外，也可能單獨在腎臟、脊髓、眼睛等部位，發生在血液，稱為淋巴性白血病。發病位置不同，可能出現體重下降、無精打采、喪失食慾、淋巴結腫大、嘔吐、腹瀉、多喝多尿、呼吸困難、吞嚥困難、貧血、黃疸、胸水、腹水等各類症狀。

治療及預防＊以抗癌藥物進行治療。經常陪貓咪玩耍運動也很有效。

子宮蓄膿症

未結紮的高齡母貓，過了8歲可能罹患子宮、卵巢疾病和乳腺瘤。子宮蓄膿症是細菌感染造成子宮內積膿，會變得無精打采、缺乏食慾。

治療及預防＊動手術摘除卵巢和子宮。結紮可預防罹患此病。

呼吸器官、內分泌疾病

鼻竇炎

細菌或病毒入侵鼻子深處的鼻竇，就會造成慢性破壞，引起發炎。症狀是流鼻水、打噴嚏等鼻炎症狀，有時黏稠的鼻水還會摻血。初期貓咪發出咻咻或嘎嘎的呼吸聲，繼續惡化下去會改用嘴巴呼吸，食慾降低而且沒精神。

通常幼貓發病的話，病毒和細菌會留在鼻腔裡，導致鼻炎和鼻竇炎頻頻復發。

治療及預防＊服用抗生素、外用鼻藥等。也可清洗鼻腔內部或是動手術幫助呼吸暢通。

肺炎

皰疹病毒、卡里西病毒感染氣管，或是披衣菌等細菌和真菌引起的重度感染。發炎狀況一旦惡化擴大到肺臟時，就會出現發燒、食慾不振、呼吸困難、咳嗽、流鼻水、無精打采等症狀。此疾病惡化速度快，可能危及性命。

治療及預防＊服用抗生素、抗真菌劑等。亦可同時使用氣霧吸入療法、氧氣療法、打點滴等。或透過疫苗預防。

糖尿病

胰臟分泌的胰島素減少，導致身體無法順利攝取糖分，造成血糖值上升的疾病。主要症狀為多喝、多尿、脫水，吃很多卻變瘦，或是容易罹患傳染病。食慾一降低，會出現脂肪代謝異常的「酮酸中毒」狀態，繼續惡化的話，就會出現意識不清、昏睡，甚至死亡或併發腎衰竭、脂肪肝等。每種貓咪都可能罹患此病，但暹羅貓比較常見。

治療及預防＊注射胰島素、飲食控制、對症下藥等治療。平常別讓貓咪吃太飽、避免肥胖和減少壓力可以預防。

甲狀腺機能亢進症

甲狀腺素有促進新陳代謝的作用，也是身體內產生熱能跟組織代謝息息有關的必須荷爾蒙。甲狀腺機能亢進症是T4和T3這兩種甲狀腺素被大量製造，以致體內臟器加速作用，出現熱能增加、代謝快速等異常。主要症狀是心跳增加、喘氣、過度換氣、吃很多卻變瘦等。表面活潑有精神，但個性卻易怒且具有攻擊性。一旦惡化，反而會失去精神、沒有食慾。

治療及預防＊盡量餵食含碘量較少的食物，或是服用抗甲狀腺藥物、進行外科手術等治療。

心臟與血液疾病

貧血

原因可能是外傷、手術、出血性腸胃炎、胃潰瘍、寄生蟲、腫瘤、膀胱炎、尿石症、血液凝固異常等。

溶血性貧血 原因是血巴東蟲寄生並破壞紅血球、蔥中毒、藥物造成肝功能不全、自體免疫性貧血等。

再生不良性貧血 原因是營養不良（缺乏維生素B12、B6、葉酸、鐵、銅、胺基酸）、腎衰竭造成紅血球生成素（EPO）缺乏、藥物中毒、甲狀腺功能低下症、腎上腺皮質素不足（又稱艾迪森氏症）、貓泛白血球減少症、白血病、腫瘤等。

貧血主要症狀是眼睛等的黏膜蒼白、無精打采、體重減輕、心跳次數增加、呼吸急促、失神、嗜睡、黃疸、血色素尿等。

治療及預防＊利用輸血、打點滴等治療。平常要除蟲避免感染，多餵食貓咪營養的食物。

心肌肥大症

心臟肌肉過度肥厚，導致無法正常運作。貓咪會變得很乖巧，不太愛玩，缺乏體力。可利用X光或超音波檢查是否心肌肥厚，有時還會發現到逆流阻塞的血塊。萬一血塊進入血管，阻礙血流，形成血栓。貓咪會因此疼痛不已，不斷痛苦鳴叫，最後終至死亡。

治療及預防＊服用心臟藥、抗血栓藥治療。藉由定期健診等，若發現罹患心肌肥大症的話，即使沒有出現症狀，也應該盡早開始照顧心臟並預防血栓。

寄生蟲

外部寄生蟲症
包括黏在皮膚和披毛上的貓蚤、貓蝨、鑽進皮膚底下的疥癬蟲（疥癬蟲症）、寄生在耳朵裡的耳疥蟲（耳疥蟲症）等。貓咪會感覺極度搔癢不適而搔抓或啃咬，因此必須盡早除蟲。

＊貓蚤
撥開披毛可發現全身，尤其是脊椎到尾巴根部這一段有紅褐色的糞便，代表身上有寄生蟲。有時候被跳蚤咬過的皮膚會被抓破皮，出現小小的結痂（粟粒狀皮膚炎）。

＊貓蝨
貓蝨外型像葉子，寄生在毛和皮膚上，乍看像白褐色的皮屑，不過肉眼仔細觀察，可發現它會移動。這些貓蝨靠吃皮屑、毛維生，一輩子都寄生在貓咪的皮膚上。

＊疥蟲（疥癬蟲）
穿孔疥癬蟲在皮膚上會挖洞寄生。貓咪常會因為極度搔癢而抓破皮，如果不除蟲的話，容易因為細菌引發二次感染，變成嚴重的皮膚病。症狀包括皮膚肥厚、結痂、泛紅、皮屑、掉毛。
一般是經由接觸有寄生蟲的貓咪而傳染。貓咪會以臉碰臉的方式打招呼，因此多半從臉上感染疥癬。再加上舌頭無法完全清理臉部，所以疥癬蟲會在臉上寄生。被疥癬蟲寄生的貓咪因為皮膚肥厚及結痂，常會出現蹙眉皺臉的表情。
耳疥蟲則是寄生在耳朵裡，貓咪會因搔癢而常甩耳或搔耳。如果耳內出現大量茶褐色耳垢時必須留意。
治療及預防＊ 疥癬可進行藥浴或以藥用沐浴乳洗澡治療。平常使用驅蟲藥（滴劑、噴霧、藥錠、注射、外用耳藥等）除蟲、進行預防。

內部（腸子）寄生蟲症
寄生在腸子內部的寄生蟲包括從母貓感染而來的貓蛔蟲、吃下跳蚤而感染的瓜實條蟲、捕食青蛙或蛇等感染的裂頭條蟲、壺型吸蟲、捕食老鼠感染的貓條蟲等。特別是寄生在小腸黏膜上的球蟲，會不斷分裂增生，破壞上皮細胞，引起腹瀉甚至摻雜黏血便。
治療及預防＊ 使用除蟲藥（滴劑、藥錠、注射）除蟲。

內部（心臟）寄生蟲症
絲蟲是透過蚊子為媒介感染，會寄生在心臟，是20公分左右的白色線狀寄生蟲。發病時會出現咳嗽、呼吸困難、嘔吐等症狀，有時也可能毫無症狀突然死亡。
一般的X光可檢查出心臟肥大和肺動脈的擴張、胸水等，不過超音波檢查才能夠看出右心房、肺動脈內是否有蟲體。雖然這種病好發在狗狗身上，但貓咪也可能發生。
治療及預防＊ 如果擔心感染，可以取少量的血液進行檢驗。蚊子多的季節要注意，最好每個月使用1次預防藥（藥錠、嚼錠、滴劑）。除此之外，最好的預防方式是避免和感染絲蟲的狗狗接觸、盡量把貓咪養在蚊子無法叮咬的室內。
如果感染的話，可安排內科進行心臟照護並除蟲，或是採用外科手術，直接取出蟲體。

受傷

骨折、脫臼
貓咪不小心被飼主踩到、尾巴被門夾到脫臼或是打架從高處跌下骨折、遭遇交通意外受傷等情況，其實很常見。特別是從高樓大廈的陽台摔落的意外更是頻繁。高處摔落會造成前腳、下顎骨、頭部等上半身骨折。
治療及預防＊ 養在室內的貓咪仍有可能從陽台掉下去，因此陽台應該鋪設網子，避免意外事故發生。萬一受傷，先用夾板、石膏、繃帶等固定後送醫治療。

打架受傷
貓咪打架偶爾會有咬傷，如果傷口不大，皮膚外觀很快就能恢復，因此不容易立刻被飼主發現。但是要注意，有時表面癒合了，被犬齒咬過的肌肉深處還是有可能化膿，或是傷口周圍紅腫發熱，過了好幾天甚至一個禮拜，皮膚才開始破皮流膿。建議飼主多留意貓咪有沒有一直舔傷口的動作，盡早處置。
治療及預防＊ 受傷時應該送醫治療。咬傷和化膿的傷口必須消毒洗淨，較大的傷口需要縫合，並使用抗生素、消炎止痛藥。

其他疾病

毛球症

貓咪在舔毛時會吃下脫落的貓毛，導致胃裡形成毛球。通常毛球累積到某個程度會被自動吐出來，不過胃裡剩下的毛還是可能聚集在糞便中堵塞腸子，必須多加留意，尤其是春天、秋天的換毛期。

治療及預防＊長毛貓必須經常梳理，清除掉毛，預防毛球症。另外，平常也可以給貓咪一些刺激胃部、幫助催吐的貓草（參考P.76）。或餵食能改善腸胃功能的食物、嚼錠、藥物等，也可預防毛球症，幫助毛球順利排出。

肛門腺破裂

肛門旁邊有儲存分泌液的肛門囊，這也是貓咪互相聞味道、認識彼此的重要器官。一旦排出管堵住，分泌液累積在囊中，會造成肛門囊的膜破裂化膿，甚至引起四周的組織壞死。如果發現貓咪不斷舔肛門，或以屁股磨地板時就要注意。

治療及預防＊清洗消毒患部，以抗生素治療。萬一不斷復發，也可進行摘除手術。定期擠壓肛門囊有助於預防。

蔥中毒

貓咪吃下蔥類（大蔥、洋蔥、韭菜、大蒜）會破壞血紅素，引起貧血。主因是蔥類內含的烯丙基二硫化合物等會造成血紅蛋白氧化，破壞紅血球。中毒貓咪會排出紅褐色尿液（血色素尿）、貧血，沒有精神和食慾，嚴重時會出現呼吸急促、嘔吐、腹瀉、步行異常等症狀。

治療及預防＊發現誤食後，馬上進行催吐。萬一來不及，則送醫打解毒點滴，嚴重貧血時還必須輸血。有些加入蔬菜的油炸餅或是魚漿等也會加蔥，飼主餵食時要特別留意。

請小心！喵～

★有些疾病會經由貓咪傳染給人類，飼主必須具備相關的知識才能預防萬一。另外，很多寄生蟲是疾病的主要媒介，為了減少傳染，應該將貓咪養在室內，避免與流浪貓接觸，同時維持飼養環境的清潔。人貓之間，也避免共用餐具，更嚴格禁止以嘴巴餵食貓咪。

★萬一被貓抓傷或咬傷時，應該立刻清洗傷口。為了謹慎起見，飼主也可到醫院進一步檢查，確保沒有被感染。

貓傳人的疾病　＊人畜共通傳染病

病名	病原體	感染途徑	人類的症狀
貓抓熱	立克次體屬的韓瑟勒巴通氏菌	咬傷、抓傷	淋巴結腫大、發燒
巴氏桿菌症	巴氏桿菌	咬傷、抓傷	紅腫、陣痛、支氣管炎、肺炎
弓蟲症	弓蟲	糞便中的原蟲經口感染，或是吃了含原蟲的肉類。	懷孕時若第一次感染，容易流產或生出畸形兒
皮膚絲狀菌症	皮膚絲狀菌	接觸	搔癢、皮膚形成橢圓突起的結節、皮屑等皮膚問題
外部寄生蟲	貓蚤、蝨子	跳蚤、蝨子吸血	搔癢、過敏或水泡等皮膚不適症

We love Cats! ⑤
永遠的思念，與貓咪離別時

🐾 最後的送別

隨著動物醫療的進步，以及寵物糧食的品質愈來愈好，家貓的壽命也跟著延長。然而終究有一天，還是會面對與牠道別的時刻。盡責的飼主必須發揮愛心，到最後一刻都盡力的飼養、照顧。

當貓咪死亡後，可用布包起來，擺在紙箱裡，放置在涼爽的地方，並盡快將遺體埋葬。如果打算埋在自家院子裡的話，必須事先勘查確認，洞穴是否能掘得夠深？最好挖超過1公尺，連同布包一起下葬，才能避免狗狗聞到味道後把遺體挖出來。

* 詢問衛生機構

詢問居住地的衛生所或鄉鎮市區公所，是否有專門的寵物火葬場或外包業者能協助進行火葬。至於火葬之後能否取回骨灰，也必須事先確認。

* 委託寵物墓園

民間的寵物墓園有些採聯合火葬，有些採個別火葬。不同單位的服務內容不同，飼主可配合需求挑選。

🐾 喪寵憂鬱症

貓咪死後，很多飼主會無法從悲傷和打擊中恢復，有時甚至會出現喪失寵物抑鬱症（Pet Loss）。不只情緒出問題，連帶還可能食慾不振、失眠等，對身體本身產生有害的影響。其實悲傷不是壞事，面對跟寵物的離別，飼主並不需要強忍哀慟，有時候盡情大哭或是對人傾訴，適時解放自己的情緒。或是透過埋葬遺體、供養骨灰等，也是接受離別的好方法。

請放心！

好可愛啊……

牠真的

發生了

很多辛苦的事情

也是重要回憶呢！

照顧牠的過程，

也是一樣

我家的毛小孩

與朋友一同分享心情
互相傾訴也是一種療癒

生活樹系列012

我的第一本愛貓飼養百科

關於餵食・每日照料・營養補給・教養的58個愛喵大攻略！

猫の飼い方・しつけ方

監　　修	青沼陽子
譯　　者	黃薇嬪
主　　編	陳鳳如
責任編輯	陳彩蘋
封面設計	張天薪
內文排版	菩薩蠻數位文化有限公司

出 版 者	采實文化事業股份有限公司
業務發行	張世明・林踏欣・林坤蓉・王貞玉
國際版權	鄒欣穎・施維真・王盈潔
印務採購	曾玉霞
會計行政	李韶婉・許俽瑀・張婕莛
法律顧問	第一國際法律事務所　余淑杏律師
電子信箱	acme@acmebook.com.tw
采實官網	http://www.acmestore.com.tw/
采實粉絲團	http://www.facebook.com/acmebook

I S B N	978-986-5683-26-9
定　　價	300元
初版一刷	2014年10月23日
劃撥帳號	50148859
劃撥戶名	采實文化事業有限公司 104台北市中山區南京東路二段95號9樓 電話：02-2511-9798 傳真：02-2397-7997

國家圖書館出版品預行編目(CIP)資料

我的第一本愛貓飼養百科／青沼陽子監修；黃薇嬪譯. - - 初版.
- - 臺北市：采實文化, 2014.10
面；　公分. --（生活樹系列；12）
ISBN　978-986-5683-26-9（平裝）
1.貓　2.寵物飼養
437.364　　103018983

NEKO NO KAIKATA, SHITUKEKATA supervised by Yoko Aonuma
Copyright © SEIBIDO SHUPPAN CO., LTD. 2013
All rights reserved.
Original Japanese edition published in 2013 by SEIBIDO SHUPPAN CO., LTD.

This Traditional Chinese language edition is published by arrangement with SEIBIDO SHUPPAN CO., LTD., Tokyo in care of Tuttle-Mori Agency, Inc., Tokyo through Future View Technology Ltd., Taipei.

采實文化

版權所有，未經同意不得重製、轉載、翻印